内圣外王，厚德载物

——郭继承

带着理解看世界，带着同情看人生。

直面人生的困惑

郭继承 著

ZHIMIAN RENSHENG DE
KUNHUO

图书在版编目（CIP）数据

直面人生的困惑 / 郭继承著 . -- 北京 ： 当代世界出版社，2018.11（2025.4 重印）

ISBN 978-7-5090-1447-9

Ⅰ. ①直… Ⅱ. ①郭… Ⅲ. ①人生哲学－通俗读物 Ⅳ. ① B821-49

中国版本图书馆 CIP 数据核字（2018）第 207098 号

书　　名：	直面人生的困惑
作　　者：	郭继承
出 品 人：	李双伍
监　　制：	吕辉
责任编辑：	孙真
出版发行：	当代世界出版社
地　　址：	北京市东城区地安门东大街 70-9 号
邮　　编：	100009
邮　　箱：	ddsjchubanshe@163.com
编务电话：	（010）83907528
	（010）83908410 转 804
发行电话：	（010）83908410 转 812
传　　真：	（010）83908410 转 806
经　　销：	新华书店
印　　刷：	艺通印刷（天津）有限公司
开　　本：	710 毫米 ×1000 毫米　　1/16
印　　张：	14.25
字　　数：	195 千字
版　　次：	2018 年 11 月第 1 版
印　　次：	2025 年 4 月第 9 次
书　　号：	ISBN 978-7-5090-1447-9
定　　价：	39.80 元

法律顾问：北京市东卫律师事务所　钱汪龙律师团队（010）65542827
版权所有，翻印必究；未经许可，不得转载。

序一：真正的大智大勇

曾经有一个青年朋友找到我，和我谈到了他的很多烦恼，我问他："产生问题的原因是什么？是否总结过？"他告诉我：因为他格局不够大，急功近利，缺少定力，涉及利益的时候比较自私，不太顾及别人的感受，等等。我说："你总结得很好啊，那还需要向我请教什么？""我知道我的缺点，就是改不掉。"听到这个答案，我明确地告诉他："如果知道自己的问题在哪里，就是不能改正自己，那上天也无法帮助你！"

人生轨迹和命运的改变，根本上取决于两种力量，一种是自己的认知，一种是自己的行动。而这两种力量之中，最根本的是行动的力量。认知上的误区和偏差，有的时候可以矫正和引导，但如果不能落实在实际的行动中，空洞的认识并没有多大的意义。

在我小的时候，国家在教育上明确提出"德、智、体、美、劳"全面发展的方针。当时不觉得什么，如今再细想起来，在人的各种素养中，劳动、实践和行动能力更是具有根本性。人类一切的财富由劳动创造，人类一切的智慧、德行和修为，都在劳动中验证和体现，如果离开了劳动，所谓的科学、智慧、德行、美育等，就失去了存在和证明其价值的土壤。

我们常说大智大勇，我想说真正的大智大勇，就是将认识上的高远与行动上的果敢结合起来。一个看到问题所在并能坚决行动的人，才能改变自己，改变环境。

希望读这一本书的朋友，能够做真正的大智大勇者，在认知上洞穿人生的困惑，在行动上去勇敢地改变和落实，知行合一，让人生真正过得有意义、有价值！

郭继承

2019 年 8 月 12 日

序二：生命不可缺少阅读

在互联网越来越普及的大环境里，人们是否还能沉下心来捧书阅读，是一个大问题。

在曾经的时光中，一杯茶，一抹灯光，明月清风，能够捧一本书，在安静的世界里，沉下心来读书、思考，任由心灵的穿越和遐想漫延，是人生美好的回忆。随着生活节奏的加快，人的心也开始躁动起来。从在手机上看一场两个小时的讲座，到观看只有十多分钟的小视频，再到今天流行的抖音，看似是人们收看习惯的变化，实则反映了人们越来越没有耐心静下来沉思和领悟。

无论是人生，还是宇宙，变动不居的背后，总是有一个"中心"。地球围着太阳公转，月亮围着地球转，宇宙如此，人生也是如此。在一切急匆匆的背后，人们的生活并非杂乱无章，也应该有一个"中心"。这个中心，就是"定力"和"初心"。无论多忙，我们都不要忘记自己的使命和愿力，不可忘记此生的责任和担当！可是，在纷纭世间，难免有各种诱惑和干扰，如何不忘初心，走好人生的道路，过真正有意义的人生？这就需要不为所动的定力。否则，花花世界，"暖风熏得游人醉"，茫茫然之中恐怕已经深陷"险境"而不能自拔。

岁寒，然后知松柏之后凋也。越是在躁动的环境里，越应该有高度的清醒，时刻能够沉下心来阅读和思考，在智慧的大海中遨游和沐浴。《道德经》云："重为轻根，静为躁君"，只有心中有极大的定力，有坚定的初心,才能在"乱花渐欲迷人眼"的干扰中不为所动,珍惜年华,造福社会,成就人生!

郭继承

2019 年 4 月 3 日

序三：将"知"落实在当下

前几年，曾经有一句流行语：听了很多好的道理，却依然过不好这一生。这一句话似乎点中了很多人的心门。可是，我们感叹之余，不免追问：为何听了很多好的道理，却依然过不好这一生呢？

这个问题的答案，可以在《论语》的开篇中找到端倪。孔子说：学而时习之，不亦说乎？这里的"习"并不简单是很多人以为的"温习"，而是包含了"践习"的含义。通读《论语》，我们可以发现孔子特别强调"理论体悟"与"实践落实"密切结合。其中，曾子"吾日三省吾身"中，就有"传不习乎"的话。"传不习乎"的意思，就是针对老师教的道理，我们是否真正落实、实践了？因为我们只有将学到、领悟到的好道理，真正落实下来、贯彻到生活工作的实际中，才能让自己身心受用，才能改变自己的处境和命运，这样才能"不亦乐乎"。再美好的道理，再深刻的认识，如果是停留在口头，用孔子的话，只不过是"巧言令色"来装点门面，那永远不会真正改变自己的命运和处境。

人生，无论多壮阔的局面，还是多温馨祥和的生活，都是奋斗出来的，都是在切实的实干中一步步创造出来的。没有一个人的人生会完全符合自己的想法，总是会遇到各种各样的问题，无论是看社会，还是看人生，牢骚、抱怨、指责等等，对问题的解决和人生的改进，没有任何实际的意义。如果我们能够把抱怨和指责的时间用在实实在在自我改进和努力工作上，人生的局面、社会的风气，才会越来越好。

有了这个觉悟,我们不仅要让人生懂得更多的道理,更要自觉地把美好的道理落实在实际的工作和生活中,从而结合自己的实际,实实在在提升生命的智慧、改变人生的境遇和命运。一句话,空谈无益,实干才能兴邦。这是人生的良言警句。

　　《直面人生的困惑》写作的初心,就是希望就困扰每一个人的人生困惑提供一点自己的剖析和解答,从而让大家有更高的修为、更大的智慧和更通达的人生。出版之后,连续几次销售一空,也从侧面证实了这本书或多或少对人生有一些帮助。

　　此书再版之际,希望每一位朋友不仅能够从中领悟更多的道理,更能够将有益的道理落实下来,从而写好自己人生的传记!

郭继承
2018 年 12 月 11 日

序 四

《直面人生的困惑》这本书,此次再版从侧面说明了本书对大家有一些实际的帮助,得到大家的认可。

不单单是一本书,任何一个文化作品,能够得到社会认可与好的销售业绩,最根本的原因在于能够深刻洞察和总结人民生活中面临的实际问题,并能够给出一些切实有帮助的指导。否则,泡沫吹得再漂亮,阳光出现的时候,也会随风而去。

文化研究有不同的使命和表现形式,但对于我而言,如何让文化惠及社会,如何让文化的智慧走进人民,真正能够反映人民的需求,能够对大家的生活、工作和发展有切切实实的帮助,这是我一以贯之要做的事情。

《直面人生的困惑》这本书,奠基于中华文化的智慧和精神,直面人们生活中面临的各种困惑和问题,力所能及地做出清晰的分析和指导,目的就是为了协助大家处理好面临的各种挑战,生活得更美好。

《中庸》说:凡事预则立,不预则废。人生亦是如此。当我们有能力更好地看清自己和世界的时候,我们才能知什么当为,什么不当为,才能更好地规划和安排自己的人生。

庸庸者,茫茫然岁月已逝,人生已老。无论如何感叹人生的悲凉,都已经无可挽回。觉悟者,自己把握自己,自己实现自己,自己成全自己,用人生践行道义,用忠诚谱写担当,从而在有限的人生中造就永恒的人生传奇。

祝每一位读者朋友,认清自己,阅读社会,找到属于自己的路,写就自己的人生传记!

郭继承

2018 年 8 月 16 日

序五：看得通透，才能发展得更好

《直面人生的困惑》这本书出版后，得到了读者朋友们的好评，希望再次印刷。图书出版的责任就是惠及更多的人，在再次印刷之际，我想给有缘的读者朋友说几句话。

一直想写一本书，把人这一生会遇到的一些重要问题做一点分析，供大家参考。

人们常羡慕别人发展得好，羡慕别人拥有更多的光环、财富、地位和荣誉等，实际上这并没有看到根本，更无助于自身问题的解决。一个人发展得好、取得更大的成就，不过是人生这棵树上结出了一些"果实"；一个有智慧的人，不会止于对别人成就的羡慕，而会认真地思考别人之所以取得巨大成就的根本原因，并从别人之所以成功的地方反思和借鉴，这样才能补益自己的人生并走出一条属于自己的成长道路。

出于这样的考虑，我把人生道路上会遇到的一些困惑和问题总结出来，把我个人关于如何看待、分析、解决这些问题的思考写出来，给大家提供一个看问题的角度。为什么有的人成长很快、发展得很好？大家如果仔细分析，会发现这些优秀的人很清楚自己的人生定位，有强烈的社会责任感和使命感，知道自己想要什么、能干什么，懂得人生的高度奠基于自己的德行和智慧，能够不畏浮云遮望眼，心无旁骛做好自己该做的事。可是我们观察现实中的很多人，不乏有一些无所事事的人，缺乏人生的使命感和责任感；有些人患得患失、得陇望蜀，最终一事无成；有些人急功近利，妄想一夜暴富，不懂得水到才能渠成；也有一些人不懂得厚德载物、内圣外王，不注重德行和人格的培养，结果面临诱惑的时候，一失足成千古恨！正因为这样，我觉得有一个责任，把自己关于人生各种问题的思考写出来并分享给大家，目的就是希望每一个人都能生活得很通达、很有智慧、很有成就而且很有意义。当然，这里的思考不过是个人的理解，并不是提供什么人生的标准答案，而是提供一种人生的借鉴。

可以说，谁的人生都是充满了各种困惑和问题，人与人的差别就在于是否能够直面人生的困惑和问题，把问题看透并找到应对问题的办法。当然，有的人浑浑噩噩，无所谓生命的意义；有的人走在探索人生的路上，满腹的愁思而找不到人生的方向；也有的人经过山穷水尽之后，终于有了人生的感悟，可最好的、最适合奋斗的年龄已经过去了，徒留无尽的遗憾。读书的意义，就在于汲取智慧，让自己的人生站得更高，看得更远。大家读的这本书，已经把人生遇到的很多问题做了较深刻全面的分析，如果大家静下心来阅读和思考，你的人生答案也许就在里面。当一个人能够看穿人生的纷纭，洞悉生命的意义，知道自己该做什么，并能够正确应对人生各种挑战的时候，才能让人生之旅成为更有意义的远行！

祝愿读者朋友有"舍我其谁"的担当，有"不畏浮云遮望眼"的高远，有兼济天下的情怀，有切实笃行的定力，一句话：让我们的人生更有意义、更有价值，而不虚度年华！

郭继承

2017 年 5 月 15 日

序 六

某一天，我读到一篇前些年关于习近平的专访，在谈到自己成长的经历时，他说：我在开始做公务员的时候，就想明白一件事：做官不要想着去发财，如果想发财就不要去做官。这是很多人都看到的一段话，却让我心头一震：习近平之所以能够成为国家领导人，原因多多，但其中一条就是对于"做什么、不能做什么"有着非常清晰的定位。当一个人对我"追求的是什么"，我"必须舍弃什么"，我"什么能做"，我"什么不能做"等问题有清醒的认识时，就会目标明确，做事规矩，踏踏实实，一步一个脚印走好人生的路。由此，不免让我想到我见到的很多人，要么是不知道自己的使命和责任，要么是不知道如何安顿自己的心灵家园，要么是不知道自己的定位，要么是不知道如何提高自己的修为，要么是不知道如何处理好人际关系，要么是不知道如何直面人生的各种考验，等等，诸如此类的问题困扰着很多人。如何回应这些活生生的问题，不仅关系每一个人的生命感受，更关系着每一个人的未来和成长。可以说，不同的人生，之所以存在差距，很大程度上是源于对人生的觉悟和落实程度。

正是有了这样的体悟，几年以来我一直想写一本书，希望能够对人生面临的很多困惑和纠结有一个回应。而且，这种回应不单单是心灵鸡汤的那种，而是希望能够给读者切实的教益和帮助，从而让我们生活得有智慧、有理想、有格局、有担当、有远见、有意义。也就是说，面对人生的迷雾和种种困惑，我希望给大家提供的思考，不仅仅是一个可以休憩心灵的花园，而且更是一盏智慧的烛光，从而能够在烛光的照耀下找到走出迷雾的道路。尽管，每一个人都有一个别样的人生，但在同样的时空环境下，不同的人往往面临着同样的困惑。正是基于这样的认识，我很希望能够在这本书中对读者朋友普遍遇到的迷茫和困惑有一个力所能及的回应。

改革开放以来，随着国内外形势和中国社会的急剧变化，人们的信仰世界、精神家园、价值观、思维方式等，都面临着严峻的挑战和拷问。具体说来，面对急剧的社会转型与生存方式的变化，我们究竟应该如何安抚自己的心灵？除了精神家园缺失、迷失带给人们的焦灼和不安之外，当我们的命运由计划经济的"被安排"，到现在自己安排自己的人生，我们应该如何给自己定位？很多人都羡慕有智慧的人，可什么是智慧？我们如何拥有智慧？在浮躁与功利盛行的氛围中，我们怎么样才知道"我应该做什么"。在激烈的竞争中，人人都希望获得成功，可我们怎么样才能拥有更加成功的人生？当今很多人信奉弱肉强食、丛林法则，于是各种冲突随之而来，我们应该怎么样认识人与人的关系？怎么样才能处理好人与人的关系？爱情是人类永恒的话题——"问世间情为何物，直教人生死相许"，可就是这个"情"字，让多少人苦不堪言，我们又怎么样用另一种角度看待爱情呢？诸如此类的问题，都需要我们做出回应。

正是秉持这样的认识，我把这些年对精神家园的安顿问题、对人生面对的各种困惑等问题的思考辑录成册，以供读者参考和指教。古语云"自利利他"，意思是一个东西只有自己真正受益了，才能告诉别人如何也从其中受益。否则，对自己都没有感觉到受益的东西，如何指导别人同样受益？这些年的成长，我自觉是中国文化的受益者，正是中国文化的智慧，让我对生命的很多问题有了自己的思考，并愿意把这种心得写出来，与大家一起分享。由于我们都是行在"知"的路上，都是一个带着困惑前行的行者，我对问题的看法，并不是给大家提供什么答案，而是希望这些不成熟的思考，能给读者朋友一些参考和启迪，并通过这种启发对读者朋友的人生有切实的帮助。

有的时候，人生会因为一句话而豁然开朗；也可能会因为一个指点而峰回路转。从这个意义上说，对一个人真正的帮助，不是简单地给他提供一个机会，而是提升他的内在修养，培养一个人自己为自己负责任的能力。这其实就是人们常说的"授之以鱼，不若授之以渔"。再好的人生机会，当自己没有智慧和能力的时候，也不能把握；而一双智慧的眼睛，却可以在迷雾中看清前行的路程。所谓的教育，无论是家庭教育、学校教育、社会教育等，归根结底都要落实在个人的自我教育上。就是说，教育的最终价值在于培养受教育者圆融的智慧，使其知道如何判断和取舍来自方方面面的人生资讯，知道做一个什么样的人，知道如何做成一番事业。教育的目的，绝不单单是灌输一些谋生的技能和现成的答案，而是要培养出一个真正有理性、有智慧、会思考、有健全人格、有正确的价值立场、思维方式和行为方式的人。只有这样，一个受教育者也才真正成为一个自主的人，一个知道自己的使命和责任的人，一个能够圆融地处理各种关系的人，一个自强自立的人，一个能够为自己的选择负责的人，一个堂堂正正大写的人！

需要指出，本书所提及的很多看法，缘于中华文化对于我的启迪。我这几年在读书和思考的过程中，深感中华文化的博大和智慧。正是在中华文化智慧的启迪下，才让我对世界和人生有了新的理解。文化是民族的血脉，中华文化是中华民族共有的精神家园。在如何建设"文化强国"的问题上，中国政府也明确提出了要大力弘扬和传承优秀中华文化的任务和使命，这应该成为中国知识分子自觉努力的方向。但中华文化的价值和生命力，不在于高卧在博物馆里供人们参观，也不只是在研讨会上作为学者谈论的对象，而是应该渗透在民族发展的血脉里，能够解决人们生活中面临的很多现实问题，为社会发展和人们的生活提供智慧。唯有让中华文化成为人们日常生活的一部分，让人民离不开自己的文化，生活在中华文化的海洋里，中华文化才是日新又日新，才能永葆生机和活力。

当然，我作为这些困惑的亲历者，书中的思考和看法也只是我的一点浅见。古语有云："取乎其上，得乎其中"，尽管带着美好的愿望来写这本书，但由于种种限制，解惑的愿望很难完全实现，一定会有很多不足和遗憾，欢迎读者朋友多提批评意见。

郭继承

2016 年 2 月 8 日

目　录

直面人生的困惑 ········· 001
　　命自我立，福自己求 ········· 003
　　天行健，君子自强不息 ········· 011
　　如何拥有智慧——为有源头活水来 ········· 029
　　如何认识我们的局限 ········· 036
　　确定人生的坐标 ········· 045
　　做一个"成功者" ········· 051
　　成全别人，就是成全自己 ········· 056
　　但行好事，莫问前程 ········· 060
　　选择没有完美，切莫患得患失 ········· 064
　　如何知道"我是谁"——做一个有使命的人 ········· 069
　　正确看待权力 ········· 075
　　"雄心壮志"和"道法自然" ········· 081
　　选择适合自己的职业 ········· 087
　　闲话"爱情" ········· 091
　　思想家的深度与政治家的智慧 ········· 094
　　"无所待"与心灵自由 ········· 098
　　我们应该读什么书 ········· 104
　　君子务本 ········· 110

无欲则刚 ··· 113
"内圣外王"——从"小我"到"大我" ················· 120
"随遇而安" ··· 127
人生是一场修行 ··· 131
"青春叛逆"与"代沟" ································· 136
知道自己的无知 ··· 140
做好每个年龄段最该做的事情 ·························· 144
善用其心 ·· 148
我们为什么是中国人？ ·································· 153

何以"安心"——对信仰问题的沉思 ··················· 159
究竟是谁在救赎人类？——对宗教的一种反思 ········ 162
"大师"现象与盲目崇拜 ································ 172
"正信"和"迷信" ······································· 178
中国文化的信仰世界 ···································· 181
现代社会的困境与中国文化的世界意义 ················ 191

后　记　智慧是照亮人生前程的一盏灯 ················· 199

直面人生的困惑

如何过好自己的人生，如何让人生更加精彩、更有意义，是每一个人都会思考的根本问题。当自己人生落幕的时候，不因为碌碌无为而感到懊恼，不因为虚度年华而感到后悔，不因为走错道路而感到内疚，回望一生，可以欣慰地说：我做了自己该做的事情，于个人、于家庭、于国家，都不辜负人生一场，这是我们应该追求的境界。

现实中的每一个人，都在活着，可是我们到底应该怎么样生活，应该走什么样的道路，选择什么样的职业，却不是每一个人都清醒的问题。在人生面临的所有问题中，没有比经营自己的人生更加重要的。

一个觉悟人生的人，会有智慧明了人生面对的各种问题和困惑，能够知道自己的优长和局限，能够在顺应时势的基础上，确立自己奋斗的目标，能够集中心智，做成一番事业；等世事变迁的时候，又能够与时俱进，该进则进，勇往直前；该退则退，潇潇洒洒。

可是，今天很多人，看起来很勤奋，每天在低头奋斗，却不知道为什么在奋斗；每天在努力，可不知道努力的方向在何方。这个世界，太多的人不能明白自己的使命和责任，不能明白自己的未来和道路；不知道如何把握好自己，不知道如何广结善缘，不能处理好生命中遇到的各种问题。最终带着豪情万丈出场，却遭遇磕磕绊绊的人生，当人生落幕的时候，却不免晚景凄凉。

《中庸》上说：天之生物，必因其才而笃焉。就是说，每一个人在天性上都有各自的优长，如果找对方向、选择合适的道路，一定会得到上天的加持和帮助。从某种程度上说，每一个人生都可以活得精彩，关键是要拥有智慧和人格。"智慧"和"人格"就像人生的两只脚，支撑着人生不断前行。

一个有智慧的人，能够明晰人生的方向，可以洞察生命境遇的每一个问题，知道自己该做什么，不该做什么；知道自己如何做好，如何避免各种挫败和困难。一个有健全人格的人，能够有正确的价值立场与思维方式，能够处理好人与人、人与社会、人与外在环境的关系，可以以自己人格的感召力而成为事业的中心，在凝聚各种力量的基础上，完成一番事业。所以，有人说，真正的英雄，都是一个磁场；他能够把需要的人凝聚起来，共同完成时代交付的任务。而这个磁场的中心，就是智慧和人格。

每一个人生都与众不同，但不同人生遇到的问题往往具有共同性。因此，本书在这一部分将大家普遍遇到的人生困惑作为讨论的对象，希望作者的一点思考对于大家更好地看待人生的各种境遇，处理好人生面对的各种问题，有一点启发和教益。

有了智慧的眼睛和仁爱的胸怀，每一个人的生命都可以花雨缤纷！

命自我立，福自己求

公元前 202 年冬，项羽兵败垓下，几次冲杀之后，皆没有突出重围的希望。项羽于是对手下的战士说：吾起兵至今八岁矣，身七十余战，所当者破，所击者服，未尝败北，遂霸有天下。然今卒困于此，此天之亡我，非战之罪也。今日固决死，愿为诸君快战，必三胜之，为诸君溃围，斩将，刈旗，令诸君知天亡我，非战之罪也。为了显示自己的勇敢，项羽几次单枪匹马冲入汉军阵营，如进无人之境，斩杀数人。可是，面对楚汉之争的败局，项羽的匹夫之勇显然无力回天。在项羽看来，他这一生，征战无数，所向披靡，这次战败并不是说他不会打仗，而是天要亡他。之后，面对刘邦派来的追兵，项羽觉得无颜见江东父老，放弃了乌江亭长救他的机会，最终自刎乌江，留下了千古绝唱。读史感慨之余，我们不免沉思：楚汉之争初期，项羽占有明显的优势，但为什么最后的胜利者是刘邦？难道事情的原因真如项羽所言是"天要亡他"吗？可是我们更要追问天为什么亡他？如果是的话，为什么人们常说"自作孽，不可活"呢？如果不是的话，人的命运究竟掌握在谁的手里？我们应该如何看待自己的命运？

很多人在遇到不如意时，大都自觉不自觉地认为自己"命不好"，有关命运的话题，历来得到很多人的争论和疑惑。很多人都有这样的感受：冥冥之中，似乎有一个规则在支配着人生，有些事情，无论我们愿意还是不愿意，都不得不接受，我们姑且把这个规则称为命运。对于命运的话题，一般的人也不会觉得陌生。人们常说：尽人事，听天命；认命不生气。其实这些说法就是反映了普通人对命运的看法。如果我们拓展开来，不独是中国，任何一个民族，都不可能不对命运这样的永恒话题做出思考和回答。

既然命运是人类社会的永恒问题，我们所要做的就不是像鸵鸟一样，把头埋在沙漠中，企图逃避命运问题带给我们的困惑。相反，我们应该真诚地从中西方文化对于命运的解读中，从人类历史的鲜活事例中，找出我们如何理解命运的钥匙。

古希腊有一个神话故事《俄狄浦斯王》，给我们展示了西方人对命运的看法：

俄狄浦斯在忒拜国出生后，曾经得到预言：他将来会杀父娶母。于是他的母亲将他丢弃，以免这个预言成为真实。结果他被科林斯国国王收养。俄狄浦斯长大之后，知道了这个预言，于是逃离科林斯国，害怕这个预言成为真实。结果他成了邻国忒拜国的国王，恰恰是杀害了亲生父亲，娶了他的亲生母亲。后来，俄狄浦斯知道真相后戳瞎自己的眼睛，以示忏悔。

大家通过这个故事，可以看出：在西方的语境中，一个人的命运就是宿命，是一个人无法逃脱的冥冥之中的安排。再比如美国作家海明威的《老人与海》，在这篇小说中，打渔的老人是如此顽强地敢于同自然抗争，可是到岸后的结果，只不过是一副鱼的骨架。海明威正是通过对老人打渔这个故事的讲述，一方面向我们展示了老人敢于向自然、向鲨鱼抗争的顽强，体现了人类生命的那份尊严和神圣。同时，也在另一方面告诉我们：命运像一双看不见的网，无形中罩住了一个个企图挣扎的灵魂。有关命运的话题，西方文化在某种程度上向我们显现了一幅绝望的画面，正因为如此，西方人在心灵深处如此需要一个超越的神（上帝）来庇佑他们的希望与幸福。

那么，人的命运究竟如何呢？人在命运面前就真的无所作为了吗？我们应该怎么样看待命运呢？在中国的历史上，有一本专门讲述命运的书《了凡四训》。我们可以通过这本书，解读中国文化所倡导的命运观。

据《了凡四训》记载：作者袁黄，字坤仪，年轻的时候以学医为职业。后来遇到一个姓孔的先生，告诉他可以入仕为官，因为在孔先生看来，袁黄的命中可以做官。袁黄听了很奇怪，就陆续问了自己的一些运势。孔先生一一给了说明，包括哪一年能够考中科举，考中多少名，哪一年能够做什么官，做到哪一级别，每年的俸禄是多少，等等，都给袁黄做了预测。开始的时候，袁黄将信将疑，结果生命的每一次变化都与孔先生的预测无异，而且孔先生把他哪一年哪一天哪一刻离开人世都清楚地告诉了袁黄。在经历了一系列事件的验证之后，袁黄万念俱灰，生命都已经命定，还有什么希望？一次，他随一个朋友去栖霞寺上香，这个朋友自然满怀着种种愿景，希望佛菩萨能够加持。可是袁黄早已经万念俱灰，毫无所求，因为在他看来一切命中注定，求也白求。栖霞寺的方丈云谷禅师看到这个情况后，很奇怪，邀请袁黄到禅堂打坐。三天后问袁黄：一般的俗人来到寺院，多半都是世俗的贪心，要么是祈求金玉满屋，要么是祈求儿孙满堂，要么是步步高升，而你和我打坐三天三夜，能够不起一个妄念，为何？袁黄听了之后，一声叹息，就把自己的经历告诉了云谷禅师，而且告诉禅师：人生早已经命定，死期都已经定下，还有什么妄念可言？云谷禅师听后笑着说：我本来以为你是豪杰，不料竟然是凡夫。孔先生的一卦就把你算死，岂不是十分可笑？袁黄一听，心中陡然升起希望：难道命运可以改变？云谷禅师告诉他：命运不仅可以改变，而且"命自我立，福自己求"。而且《药师经》说得很清楚：求男女得男女，求富贵得富贵，佛教有戒律"不打妄语"，岂能骗人！但问题是求有求的方法。随后，云谷禅师很细致地告诉他如何看待命运，如何改变自己的命运，袁黄听后非常感谢。后来袁黄在云谷禅师的指导下，命运完全发生变化，而且算定的是五十三岁去世，实际的寿命是七十多岁。由于受到了云谷禅师的指点而明白了生命的含义，袁黄改名"袁了凡"，意思是结束凡夫而成为圣人。

在如何改变命运的部分，云谷禅师告诉他：如果希望命运改变，一定是从心开始真正改变，一个人的心是什么状态，生命就会展现出什么状态；一个人有什么样的心灵世界，就会创造出什么样的生活。因此，我们所谓改命，其实就是改变自己的心灵世界。而且当一个人的心真正改变的时候，行为和命运都会发生变化。古语云：积善之家，必有余庆，这是真实不虚的话，但是积善并非勉强去做，而是从内心里真正想帮助别人，只有这样才能改变自己的命运。

袁了凡听从禅师的教诲，决心改过从新，忏悔自己以前的恶习，并下决心改正自己。他在任宝坻知县的时候，曾经许下愿望：决心要给社会做一万件好事。可是，在兢兢业业做好本职工作的时候，觉得并没有那么多的好事等待他去做。正在愁闷的时候，某一天晚上，梦到一个大神降临，他急忙礼拜，并诉说了自己不能实现愿望的苦衷。这个时候大神告诉他：只减粮一节，万行俱完矣。原来袁了凡在做知县期间，感觉田租有些高，每亩本要收银二分三厘七毫，于是就把全县的田地整理一遍，减收至一分四厘六毫。就此一项德政，使上万民众受益。袁了凡梦醒之后，觉得诧异，不知道是真是假。一段时间之后，恰逢幻余禅师从五台山到宝坻县来，袁了凡就将梦里的事向他请教。禅师告诉他：只要真诚为善，切实力行，就只一善也可抵万善了。何况全县减租，万民受福。

上面所记述的内容都在《了凡四训》这本书中，对于其中的记述，我们不做考据的研究。但该书表达的思想确是非常明确：所谓命运，并不在别处，无非是"命自我立，福自己求"。如果再追问命运背后的机理，中国文化用因果作答。就是说，这个世界上有一个客观的规则，那就是因果。一个人种什么因，就会收什么果报，种瓜得瓜，种豆得豆；付出多少的辛劳，就会收到多少的回报，一分耕耘，一分收获。因此，中国文化的命运观，不是引导人们盲目地崇拜，而是认为人的命运都在自己手里，如果希望改变命运，也当然需从改变自己开始。袁了凡减税积德的故事，给那些做公务员的朋友很大的鼓励和启迪。俗语常说身在公门好修行，确实如此。一个公务人员，尤其是掌握较大权力的公务人员，一个好的政策可以给万千的人民带来福祉，不仅利国利民，也培养自己的福报。

范仲淹的故事，也很能够说明中国文化的命运观。范仲淹的母亲去世后，希望找一块墓地。当他与一名风水先生同去选墓地的时候，风水先生指着一处地对他说，这是风水宝地，后世的子孙之中多出贵人。又指着另一处地说：此为绝户地，如果将人葬在此地，不仅世代贫穷，而且还会出现断子绝孙的下场。范仲淹听风水先生说后，对手下人说：我既知这里是绝户地，又岂能让他人葬此地而绝后，并且世代贫穷呢？那将我母亲葬在此地吧。大家看，这种超越了小我的算计和功利，能够真正带着利益大众的心去生活，这才是真正仁者的格局和境界。

到了晚年时，范仲淹决定回到苏州养老，想在城里买一块土地，造一所房子，以便安度晚年。有一天，有位长者求见范仲淹，说："我是苏州城里的风水先生，特来向大人介绍一块地方。"范仲淹问："不知在哪里？"老人道："就是沧浪亭西边的那块荒丘。苏州城是龙穴宝地，卧龙街（现在苏州的人民路）笔笔直直，是龙身；街上砌的石块，是龙的鳞片；北寺塔高高矗立，是龙的尾巴；那龙的头呢，就是那块荒丘。大人如果买下这块宝地，兴建住宅，一则可以镇住龙头，二则将来子孙会科甲不断。"范仲淹听后则想：我一家的子孙昌盛有何用？怎么都不如叫大家的子孙昌盛，这才符合自己"先天下之忧而忧，后天下之乐而乐"的精神。于是范仲淹决定在这块风水宝地上建造学府，供当地求学的学生读书。等学府建好后，范仲淹不仅自己在府学讲学，还请来了社会名儒，向学生传经授道。从此，苏州地方的读书风气越来越盛，考取进士、状元的也越来越多。大家如果查阅范仲淹的家谱，会发现范家的儿孙辈也极为发达，传到了数十代的子孙，直到现在，已经是八百多年了，苏州的范坟一带，仍然有多数范氏的后人，并且常出杰出的人才。范家八百年不衰，就是厚德载物的生动例证，范仲淹能够把自己的福报分给别人去享受，这是极为博大的精神！近代的佛学大德印光大师十分赞叹范仲淹，甚至认为孔夫子之后就是他。他的子子孙孙一直到民国初年都不衰，这是他培育"百世之德"，才有百世的子孙保之。中国世家第一个是孔夫子，第二个是范仲淹。以上所说的范仲淹从命运上说，确实是"太上有立德，其次有立功，其次有立言，虽久不废，此之谓不朽"。

上面虽是古代的故事，对于我们今天也有很多启发。社会上有很多人，整天抱怨命运不好，遇到一点挫败就怨天尤人，要么埋怨家庭，要么攻击社会，但就是不懂得反省自己。实际上，任何一个人的成功，都是根本上取决于自己。面对苦难的时候，有的人退却，有的人则百折不挠；面对顺利，有的人骄傲自满，有的人三省吾身；能否东山再起，关键还是靠个人的努力。1928年，朱德率领湘南起义的队伍直奔井冈山，准备和毛泽东领导的工农红军会师，从而积蓄力量，开拓新局面。毛泽东听说朱德来井冈山，非常高兴。原因是朱德早在护国战争的时候，就已经威震军界，是大家公认的一员战将。朱德的到来显然不仅增加井冈山红军的实力，而且对稳定军心，增加红军的信心，都有莫大的帮助。据说为了迎接朱德的到来，毛泽东星夜赶做了一套军装，天不亮就下山迎接，步行几公里到龙江书院欢迎朱德。到了井冈山之后，毛泽东召开欢迎大会，等到毛泽东上台发表演讲时，台子忽然坍塌下来。这个时候众多红军战士心中一惊，觉得这似乎不是一个吉祥的兆头。正在大家错愕的时候，老将朱德大踏步向前，大声喝道：同志们，朱毛会师，台子坍塌，说明什么？说明旧的不去，新的不来！台子塌下去，说明旧的环境成为历史，从今天起我们要创造一个崭新的未来！朱德话音未落，据说下面战士的掌声雷动，群情振奋，纷纷表示从朱毛会师这一天起，一定会开创出一个崭新的局面。大家通过这个故事看到了什么？台子坍塌是一个客观事实，无非是因为时间仓促而未能建造结实。但怎么看待台子坍塌这件事情，却因为人的智慧不一样而产生不一样的结果。朱德的讲话，把大家的疑虑一扫而空，反而把一个不利的局面变成了一个振奋人心的局面。所以，事在人为，命自我立，任何人的命运，归根结底都是自己创造的！

因此，在命运面前，我们没有理由抱怨，而是应该一切从自己做起，检查自己努力得够不够，自己的做人好不好，自己是否懂得反省，是否做到海纳百川，等等。这就是孔子说的话：君子求诸己，小人求诸人。这句话的意思是：一个真正的君子，在遇到事情的时候，首先反思自己的问题，查找自己的不足，然后努力改进；而小人则恰恰相反，一旦遇到问题就怨天尤人，抱怨这个埋怨那个，就是不知道从自己身上找问题的原因。因此，有的人在反思自己的过程中不断进步；有的人则在怨天尤人的时候一再错过。

回到文章的开头，项羽将失败的原因归结为"天命"，实在可悲可怜！天有好生之德，怎么会偏偏要灭亡项羽呢？项羽直到死亡临近的时候，都不懂反思自己的过失，都不知道从自己身上寻找失败的原因。项羽一生，带着个人英雄主义的色彩，唯我独尊，听不得别人的建议，做不到海纳百川，更不懂得反思自己的弱点，大难临头的时候竟然将自己灭亡的原因归为"天命"，怎么可能不失败？而一个因为"天下苦秦久矣"而揭竿而起的刘邦，一开始就带着救民于倒悬的责任和使命，能够知人善用，常思己过，江河处下而为百谷王，焉能不胜？没有谁决定人类的命运，人类的命运就在自己手里！

总之，大家发现，中国文化对命运的看法绝不消极，中国文化认为所谓的命运，不过是种瓜得瓜，种豆得豆，自作自受，咎由自取。任何外在的因素，都是通过自身生命的努力才起作用；懂得这个道理，君子务本，从当下做起，兢兢业业，勤勤恳恳，无论是做任何一份工作，对人民、对社会、对领导、对同事，都能够尽心负责，那么，你的命运就在慢慢地发生变化。一个人做了什么，就必须承担相应的后果。从这个意义上，自己才是命运的真正掌握者。中国文化所谓的觉悟，就是启发人们摆脱盲目迷信的状态，从而自己掌握自己的命运。有这个认识，我们就能理解《易传》为什么说"积善之家，必有余庆"；为什么说"积不善之家，必有余殃"。从现在看过去，一个人曾经做了什么，今天就应该承受什么，这就是公平；人必须为自己的行为负责任！从现在看未来，一个人希望拥有什么样的生活，就看当下的言行，人的命运都在于自己怎么思考、怎么行为。所以，中国文化一点都不迷信，更不主张盲目崇拜，懂得了种瓜得瓜、种豆得豆的道理，那就好好地从自身做起，检点自己的言行，种下真诚、善良、公正、勤奋和勇敢，必然也会收获辉煌和精彩！

天行健,君子自强不息

人的一生,有很多处境并非自己预期。那么,我们如何面对人生的各种考验呢?自强不息就是人生必备的法宝和精神支柱。

1914年冬,刚成立不久的清华大学,邀请当时著名的大学者梁启超先生做一场关于中国文化的学术讲座。受到邀请后,梁先生欣然前往,但在演讲的内容上,他向校方提出建议:鉴于两个小时左右的时间,不可能把中国文化的全部内容做出精准的概括,不如把贯穿于中国历史文化始终并使中华民族保持勃勃生机的内在精神作一个阐发。校方认可梁先生的说法,于是,梁先生就把《易传·象传》中的这两句话作为演讲的主题:天行健,君子以自强不息;地势坤,君子以厚德载物。梁先生以那种特有的带有感情的诠释,引发了清华学子的热烈回应,演讲效果出奇之好。如果考察历史会发现:中华民族历尽磨难坎坷、饱经风霜雨雪,但一路走来,总是能够在困境中奋起,在苦难中坚强,其重要的原因,就是流淌于中华民族血脉之中的自强不息之民族精神的激励。

讲座之后,清华大学决定把这两句话作为校训。一直到今天,我们可以看到清华的校训,已经成为清华学子个人成材与报效祖国的精神支撑。自清华成立以来,多少清华学子怀揣着家国天下的理想,或者留洋海外,科教救国;或者扎根基层,投身实业,都没有忘掉自己的赤子之心,有的甚至横遭磨难和委屈,但自强不息和厚德载物的校训,始终是他们自我勉励的明灯,让这些清华人在遭遇坎坷和困境时,永不放弃,自强不息;在遭遇委屈和不公时，心怀宽容，厚德载物，这就是校训的力量。我们不禁要问：自强不息和厚德载物究竟讲了些什么？我们应该从中得到哪些启发和教育？面向未来，我们应该如何自觉传承和弘扬支撑中华民族生生不息的民族精神？本节内容尝试就自强不息的民族精神作一个阐发和解读。

1. "自强不息"的精神内涵

"自强不息"这四个字，出于《易传·象传》。在解释《乾》卦的时候，《易传》的作者这样概括：天行健，君子以自强不息。也就是说，上天刚健有为，运行有则，尽管我们看到天象会经常变化，但"阳光总在风雨后，乌云上头有晴空"。可以说，"天行健"是中国先哲对于自然宇宙运行不息的形象概括；那么，"人道"应该符合"天道"，君子当效法天行健的宇宙运行状态，自觉做到"自强不息"，自我努力学习，永远追求进步，刚毅坚卓，发愤图强，不屈不挠，永不停息。在中华民族几千年绵延不息的发展历程中，许多大思想家自觉地把自强不息视为中华民族精神的重要组成部分，包括先秦的儒家、宋明时期的儒学，包括近代的梁启超、梁漱溟、马一浮等学者，无不是自觉地以阐发和弘扬自强不息的民族精神为己任。正是在民族发展的进程中，自强不息的文化内核逐渐融化为民族精神的重要组成部分，并成为先进中国人的自觉意识，在中华民族的发展史上，起到了独特而不可替代的作用。

有的学者曾经这样认为：自强不息体现在任何一个民族的生存发展历史进程中，因此，我们不宜于将自强不息视为中华民族独特的民族精神。其实，这种观点源于对自强不息精神内涵的不了解。我们一方面要看到任何一个民族的发展，都离不开拼搏和进取的精神，这是所有伟大民族的共性；但是，我们也要看到，中华文化所强调的"自强不息"有着自己独特的内涵。

所谓自强不息，最重要的是我们要问，"自强不息"的主体是谁？为什么中华文化格外强调"自强"，而不是依靠外力？也就是说，在茫茫宇宙之中，究竟是谁掌握了人类的命运？在这一点上，我们可以明确地说，在整个人类文明史上，中华文明强调人的主体性，强调自我的力量和奋斗精神，强调自己改变自己的命运，这些内涵应该是非常具有中华民族特点的精神特质。我们不妨就此问题作一个中西方的文化比较，进而在这种比较中厘清中华文化所提倡的自强不息的民族品格与独特内涵。

中国历史在商周时期，发生了一个剧烈的变革。崇尚神权的商代一举被周部落取而代之，在这种情况下，中国人要思考和回答这样的问题：究竟是谁在掌握着人类的命运？如果仅仅认为神权决定着人权，那我们就不能解释为什么自称被神权宠爱的商代会被周取代。在这样的大转折时期，中国先民逐渐认识到，人类的命运并非掌握在一个所谓的外在偶像手里，而是取决于人类自身的言和行。在武王伐纣的时候，据记载，武王曾经对能否用兵予以卜卦，结果并不吉祥。可是，武王并没有按照卦象的启示就此息兵，相反决定出兵伐纣。虽然商代看似强大，但由于统治者骄奢淫逸，欺凌民生，残暴昏庸，穷兵黩武，最终丧尽民心，牧野一战，商代完败。在这样的历史大变革中间，中国先民更加认识到人的命运并非完全由一个什么外在的力量决定，相反，人的命运如何，取决于自己怎么做。正是在这样的大背景下，中国文化开始走向了重视人的作用的文化之旅。所以，到了春秋时期，我们就会发现为什么孔子认为：人能弘道，非道弘人；吾欲仁，斯仁至矣；为什么孟子强调义礼智信，我固有之；尽心知性，尽性知天；为什么《易传》也表达了"感随而天下通"的观念；荀子更是明确提出了"制天命而用之"的观点。也就是说，自中国走向重视人文的道路之后，面对人类命运的复杂和起伏，中国没有走上神学的道路，用一个所谓的外在偶像作为决定人类命运的主宰，而是认为人类的命运，恰恰在人类自己的手里。人类过一个什么样的生活，取决于人类的心灵世界，以及在心灵世界指导下的作为。这与西方的文化传统并不相同。因此，尽管很多民族都重视拼搏和进取精神，但是，人类的命运究竟谁来掌握？对于这个问题的问答，中华文化提出的"自强不息"精神具有鲜明的民族特色。

西方文化，就其内在的主旨而言，无不是体现了命定论。虽然他们也强调人生的奋斗,但命定的轨迹却不是人可以改变的,所以西方文化特别强调外在的救赎,通过外在的祈求和忏悔,实现对生命的拯救。中国文化则是高扬人的主体精神,主张人们自身通过净化心灵、提升德性,从而改变自己的命运。所以《易传》能够非常清楚地说出"积善之家,必有余庆"的话。读者从这句话就能看出,中国文化认为,一个人生活得是否吉祥和幸福,取决于自己是否"积善",是否在利益他人,而不是单纯通过对偶像的跪拜中得到幸福。"自强不息"这个成语的"自",才是关键所在。

因此,自强不息的精神,重点在于君子"自强",而不是通过寄希望外在的力量改变自己。人类的命运不在于跪倒在偶像的脚下祈求救赎,而是真正做一个大写的人,承担起人类自己应该有的责任和使命,正确处理人与人的关系、人与社会的关系、人与自然的关系、人性实现与不断净化的关系,通过自己的努力,永远追求进步,永远追求光明,生生不息,奋斗不止。

2. "自强不息"与中华文明的发展

文化是一个民族的精神支柱和血脉,也是一个民族之所以是这个民族的标识。任何一个民族的成长,都与本民族文化的营养和智慧的启迪分不开。具体到中华民族与中华文化的关系,正是中华文化所蕴含的精神气质,塑造了中华民族的精神品格,并在历史长河的发展中不断赋予民族发展的精神力量。在中华民族绵延不息的发展历程中,自强不息的民族精神起着特别重要的作用。

中华文化中的自强不息精神,使得中华民族在历尽千难万苦的时候,都能够勇敢地承担起振兴的责任,居安的时候能够思危,困境中能够奋起,屈辱中不甘于受压迫,谱写了中华民族生生不息的奋斗史和发展史。这其中,一部苦难和抗争交织的中国近代史,就是中华民族不甘屈服、不断追求人民自由、尊严和民族振兴的历史。一句话,中国的近代史就是自强不息民族精神的生动例证和典型"案例"。我们以近代中国的历史为范本,去解读自强不息的民族精神如何在灾难深重的近代中国,支撑中华民族走出了一条和平崛起的民族振兴之路，以及揭示自强不息民族精神对于中华民族绵延不息的意义和价值。

众所周知，近代中国，面临着千年未有之变局，在列强的欺凌和压榨下，中华民族何去何从？能否从人为刀俎、我为鱼肉的困境中走出一条民族振兴的道路，决定着中华民族的生死存亡。沧海横流，方显英雄本色，中华文化的精神内核，从来不是书本上僵化的教条，而是流淌在中华民族血脉中的一种不可战胜的力量，鸦片战争的炮声还未响起，已经有一些志士仁人开始深切忧患中国的困境和未来。

龚自珍就是其中杰出的代表。面对清王朝的破败，他曾经写《己亥杂诗》表达忧愤：九州生气恃风雷，万马齐喑究可哀，我劝天公重抖擞，不拘一格降人才。可惜的是，一个文明，在所谓"天朝大国"的迷梦中沉睡得久了，再加上长期闭关锁国，对世界大势浑然不觉，导致清帝国落日的余晖未尽，列强隆隆的炮声就打开了中国的大门。林则徐则是这一历史进程中率先觉悟的中国人，他被称为"睁眼看世界的第一人"，深谙"知彼知己"的重要性，编撰《四洲志》，激发民众的力量。虽然后来被清政府革职，但他的诗句"苟利国家生死以，岂因祸福避趋之"，成为激励无数志士仁人的座右铭。

越是在最低沉的时候，往往积蓄着喷薄欲出的力量。在经历了太平天国、洋务运动、维新变法等挽救民族独立的运动失败之后，中国人也不断地深化对救亡图存的理解。到了新文化运动的时期，中国人几经革命风雨的震荡和志士仁人的艰难探索，终于认识到这样的道理：中国社会和西方社会的差距，从表面上看是技术的落后，但究其实质而言，是人的自由和主体性没有得到尊重和保护，进而我们更没有在制度上设计出保护和激扬人们主体性的制度，这才是中国和西方之间的真正差距。也就是说，西方文明实际上包含了形而上之"道"和形而下之"器"的有机统一。西方文化的形而上，是指自文艺复兴以来人们对自由的诉求，对人的公正和平等的尊重，从而极大地激发了人们的创造力、想象力和自由发挥精神，这恰恰是推动人类社会不断发展的强大动力。从形而下的角度看，近代以来的西方文明为了保障人们的主体性诉求，体现对人们自由的尊重，他们创造了民主宪政等一系列的制度设计，目的在于保证人们的主体性和对自由、平等、公正的诉求。那么，我们就应该以此来检点中国社会存在的问题，进而通过形而上和形而下相结合的角度，探索中国未来的出路，从而激发中国社会的活力。于是，我们就可以理解，为什么新文化运动的干将提出"打倒孔家店"的主张，为什么主张思想的解放与国民性的改造并重。我们今天回过头来审视新文化运动的一些做法，尽管有些提法和做法并不合适，但是，结合当时的背景，我们就会发现，新文化运动的将士正是带着"爱之愈深，责之也切"的那种对家国天下的深切忧虑，试图打破禁锢人们创造力的各种束缚，唤醒国人心中的担当和使命，尝试从根本上改造国家的命运，从而真正焕发民族的勃勃生机，这不正是自强不息民族精神的生动体现吗？

新文化运动极大地冲击了保守和僵化的中国思想界，也为各种思想的传播打开了大门和创造了条件。新中国成立后，在如何建设新中国的问题上，中华民族几经坎坷，终于在1978年前后，做出了改革开放的伟大决策，坚持走和平发展的道路，坚持独立自主，自力更生，坚持政治、经济、文化、社会的全方位发展。尤其需要提及的是在2011年10月，中共召开了十七届六中全会，提出了建设文化强国的目标与传承中华优秀文化的历史使命，在文化上提出文化自觉与文化自信的要求。应该说，任何一个民族真正的振兴，一个很重要的体现就是文化的振兴。据说，英国前首相撒切尔夫人曾经这样评价中国：不要惧怕中国，一个只生产电视机和打火机的民族，是不值得可怕的。撒切尔的话固然有她的问题，但我们必须认识到文化才是一个民族的灵魂，一个没有精神家园和灵魂的民族，其复兴的道路不可能走远。正是因为如此，"文化强国"的目标才显得格外有意义。

纵观中华民族的一部近代史，其实质就是中华民族不甘压迫、不甘贫困落后、不断抗争、寻求国家富强、人民幸福的历史。一句话，中国的一部近代史，就是中华民族自强不息的奋斗史与探索史。当然，如果我们梳理中国几千年的历史，不独是近代，任何一个大的历史转折时期，民族遭遇苦难之时，无数志士仁人，真正做到抛头颅、洒热血，置生死于不顾，救民于倒悬，扶大厦于将倾，这些无不是民族生生不息的例证。完全有理由说，没有自强不息的民族精神，中华民族不会走到今天，也不会成为人类历史上仅有的一个历史没有中断的民族。当然，中华民族的历史也告诉我们，一个民族的不断强大，不仅需要生生不息的拼搏和进取，也需要不断的反省和学习，唯有如此，民族前进的脚步才会更加稳健和坚定。

另一方面，如果我们冷静地反思中华民族的历史，也会发现一个以《易》为经典、非常强调变革的民族，为何后来却出现了如此顽固不化的疲态？以致屡遭打击和屈辱之后，很多人还不曾反省和觉悟？这其中有太多值得我们直面的问题和需要总结的教训。从历史上看，近代中国遭遇的困难是空前的，正因为如此，近代中国应对困境的历史正像一面镜子，照出了中华民族的不甘屈辱与自强不息，也照出了我们这个民族存在的问题。我们一定要保持清醒，一定要善于发现自己的不足，一定不要骄傲自大，一定要善于学习别人。面向未来，尽管我们的发展还存在很多问题，但是，只要我们民族的自强不息的精神不丢，勇于自我超越，勇于自我批判和反省，勇于改革，而不是被既得利益的眼睛障蔽了不断进取的智慧和勇气，我们完全有理由相信，无论经历多大的风雨，中华民族必将屹立于民族之林。我们有理由对民族的未来充满信心！

3. "自强不息"的人生精神

人生一世，有太多的不可预料，太多的不可知。人人都希望生活得幸福、顺利和吉祥，事实上，人生并不可能完全如我们所愿。那么，我们如何面对人生的沉浮与风雨？如何看待人生中的坎坷与波折？这是我们每一个人都逃不出去的必修课。毋庸置疑，自强不息的精神品格，是我们勇敢面对人生各种处境的精神宝典。阅读历史，我们也会发现，任何一个在历史上留下名字的真正大家、智者和勇者，无一不是自强不息精神的丰碑和典范。

首先以孔子为例，我们看一看自强不息的精神如何贯穿孔子的一生，并总结其给予我们的启迪和教益。孔子生于公元前551年9月28日（农历八月廿七），去世于公元前479年4月11日（农历二月十一），姓孔，名丘，字仲尼，鲁国陬邑（今中国山东省曲阜市）人，祖上为宋国（今河南商丘）贵族。据历史记载，孔子出生后三年左右，父亲去世，孤苦的母亲把孔子养大。在那个时代，男尊女卑，大家可以想象孔子母亲的不容易和孔子童年的艰辛。但是，恰恰是这样的生活环境，造就了中国历史上的千古一圣。我们要问：是什么样的精神支撑了孔子经历种种艰难困苦，而成为中国历史上顶尖级的智者和思想家？面对自己艰辛的童年和成长环境，孔子曾说："不怨天，不尤人，下学而上达，知我者其天乎！"（《论语·宪问》）也就是说，孔子面对命运的安排，并没有在抱怨中浪费时光，相反，通过勤奋地读书，深入地思考，从而真正领会文化的精髓。所以，他曾经这样总结自己的人生：其为人也，发愤忘食，乐以忘忧，不知老之将至云尔。（《论语·述而》）我们读了孔子的这些话，会觉得很亲切。孔子作为中国历史上最伟大的思想家之一，家庭并不显赫，但是，他并不抱怨命运的不公，而是力争通过自己的努力改变命运，这对于我们很有现实意义。正因为如此，孔子特别强调人生一世，在任何时候，遇到任何苦难和问题，都首先要反省自己的责任和不足，而不是去指责别人，或者用外在的理由为自己免责，这就是"君子求诸己，小人求诸人"。在谈到人生的使命时，《论语》说：士不可以不弘毅，任重而道远。意思是，人活在世上，一定要对人生、对社会有所担当，无论位置如何、能力多大，都应该力所能及地承担人生的使命和对社会的责任。孔子的这些话，对于今天的我们非常有教育意义。人活着不是为了吃饭享乐，而是一定要有所担当，尽管这个过程有风雨、有坎坷，任重道远，但士不可不弘毅。在晚年周游列国的时候，有一次孔子遭遇南方吴、楚、陈、蔡等国混战，被围困在陈和蔡这个地方。据历史记载，曾经由于战争导致七天的时间没有饭吃，可是孔子照样弹琴明志。由此我们也可以看出，今天的人们把琴当作娱乐的工具，而在孔子的时代，抚琴却可以与道相应。在这期间，学生子路曾经向孔子抱怨，对当时生活的落魄表示不满。可孔子铿锵有力地告诉子路：君子固穷，小人穷斯滥矣。君子在一生之中，无论多么艰难困苦，都矢志不移，都不改对人生和社会的承诺和担当；但小人则不是，一旦环境变得困穷，就会理想殆尽，胡作非为。在谈到面对人生考验的时候，孔子主张"杀身成仁，舍生取义"，决不能因为苟全自己的性命而失去了一个人应该有的责任和气节。在谈到如何做官的时候，孔子说：为政以德，譬如北辰居其所，众星拱之。在谈到人生追求的时候，孔子说：君子喻于义，小人喻于利，君子谋道不谋食。

在《论语》中，有两则故事，很能代表孔子的人生精神：

有一天，长沮和桀溺正在耕地，孔子正好经过，于是让子路问过河的渡口在哪里。长沮说："驾马车的是谁呢？"子路回答："是我们的老师孔丘。"长沮又问："是鲁国的孔丘吗？"子路回答："是的。"长沮于是说："那他应该知道渡口在哪里。"长沮为什么这样说呢？因为孔子已经是当时的文化名人，孔子周游列国的时候已经五十多岁，早已经是"不惑"和"知天命"的境界了，所以长沮才要这样回答。

子路随后又问桀溺。桀溺说："你是谁呢？"子路说："我是仲由。"桀溺于是问："是鲁国孔丘的弟子吗？"子路说："是这样。"桀溺接着说了这样的话："天下一片乱哄哄的局面，你方唱罢我登场，谁有能力改变呢？孔子周游列国是因为鲁国的统治者不接受他的主张，与其这样逃避不适宜的从政环境，为何不做一个避世的隐士呢？"说完之后继续干活，再也不理子路。子路赶上老师，并把刚才的对话告诉了孔子。孔子听了之后情绪怅然："人和鸟兽不一样，不能只顾自己生活的清静和富足。正因为在春秋乱世，礼崩乐坏，我不出来承担责任，谁来做呢？如果天下有道，秩序井然，人人讲究仁义道德，我孔丘何苦出来周游列国？"（《论语·微子》）

这个故事集中体现了孔子对人生的看法。春秋战国之交，人们追名逐利，礼乐崩坏，秩序大乱，称王称霸者有，尔虞我诈者有，滥杀无辜者有，投机取巧者有，如果中华民族任由这种乱象滋生，那么民族的未来在哪里？谁来承担立人伦、振纲常的责任？在孔子看来：人和动物不一样，活在世上就应该有所担当，此谓："士不可以不弘毅，任重而道远"；如果自己不出来担当这个责任，谁来做呢？所以他能够做到"不怨天，不尤人"，千难万苦，矢志不移，历经磨难而推行仁义道德。如果天下太平，人人讲求礼义廉耻，我孔子又何必出来周游列国，"知其不可而为之"呢？这种为民族需要而弘扬道义，置个人得失甚至生死于不顾，成功不必在我，为国为民，不管多少艰难困苦，都一肩担起，这是多么了不起的精神！

孔子的这个态度非常值得我们敬佩。今天，很多人对社会、人生充满了抱怨，很多人将财富和地位看得过于重要，很多人沉湎于声色犬马，很多人生活在虚荣和攀比中而心神焦虑，那么到底什么才是我们应该追求的人生？对此，中国文化的人生态度和智慧给我们很多启迪。与其抱怨社会，不如带着建设性的态度，将抱怨的时间用在提升自己的境界和能力上，力所能及地为社会的发展和和谐做一点事情，如果人人如此，不就是"天下大同"吗？后来孔子的学生子路也深受孔子人生态度的影响。在《论语·微子》中，还记载了这样一个故事：

一天，子路跟随孔子的时候掉了队，遇到一个正在干农活的老人家。子路问道："您老人家看见夫子了吗？"老人家说："四体不勤，五谷不分，哪一个是夫子？"然后继续干活。子路听了在旁边拱手站立，于是老人家让子路住下来，杀鸡煮粥让子路吃，并且让自己的两个儿子与子路相见。第二天，子路追上自己的老师并告诉了自己的经历。孔子说："这一定是一个隐者。"然后让子路回去重新拜见，等到了地方一看，老人家已经出发了。子路于是说："不出来承担责任不符合道义啊！长幼的人伦，不应该废除。君臣之间各司其职的秩序，又怎么能够废除呢？一个人不能为了求得自身清静而违背了社会根本的人伦秩序。一个真正的君子出来做事，与名利无关，只不过是行承担道义而已，虽然自己的主张得不到理解和尊重，早已经知道了。"

面对路人对孔子的批评和不解，子路认为，做人不应该只为了自己的清静而废弃了人类应该遵循的道义和秩序，更不应该放弃自己对社会和人类的一份担当和责任。在子路看来，孔子出来推行仁义，不过是为了尽自己做人的使命而已，与追求个人的名利和地位无关。虽然当时没有统治者真正接受孔子的主张，孔子何尝不知道呢？但作为人，就应该承担道义。孔子的这种人生态度，可谓"但行好事，莫问前程"。因为，一个人的主张能否"行"或者"不行"，取决于各种条件，并非自己的主观意愿决定，但人生一世，必须有所担当。被称为"亚圣"的孟子则说"大人者，不失赤子之心"，意思是一个人不管经历多少的艰难困苦与风雨坎坷，都永远不丢对家国天下的那份责任，不丢心灵之中的那份纯净和承诺；又说"穷则独善其身；达则兼济天下"，意味在有机会的时候要让天下变得美好，在没机会的时候，也要恪守人生的操守。这其中的精神内涵均与孔子的人生态度有共同之处。

正因为《论语》中蕴含的这种精神力量，让我每每读起，都不免心情苍凉，同时又升起无穷的力量！阅读孔子，时空仿佛回到两千四百年以前的那个风雨如晦、乱世纷纭的时代：一个晚景凄凉的老人，孤零零行在中华的大地上，老人家放弃了自己优越的生活（他曾经做鲁国的大司寇，即司法的最高长官），周游列国，颠沛流离，曾经困于陈蔡之间，绝粮七日，几经生死考验，老人家始终矢志不移！在这孤苦和艰难之间，湮灭不了那种充塞于天地之间的浩然正气，这是何等的伟大和震人心魄！老人家明明知道在乱世之中，很少有人能够理解他的良苦用心，但他言"人不知而不愠，不亦君子乎"？淡定从容，一路走来，为中华民族立了一个道德丰碑和文化路标，让我们华夏儿女在时时回望历史的时候，能够从中吸取精神和道德力量，让我们知道如何做一个大写的人，如何坚守自己的赤子之心，如何在千难万苦之中，担起道义的使命，求一个心灵的安宁！孔子不愧为一人千古，千古一人！今天，一些人拜金主义盛行，道德底线屡屡撞破，人与人之间，诚信缺失的现象，冷漠无助的现象，都不时见诸报端。人的心灵在物欲的苦海中沉沦，道义微弱的光芒敌不过欲望的铜墙铁壁，此致中华民族复兴之际，我们不免扪心自问：中华民族如何才能真正再创一个盛世中华？我想，民族振兴大厦的建构需要方方面面的条件，但有一条：一个缺少道德根基和人格底线的民族，哪里有复兴的希望？每念此，都觉得心情沉重。所赖孔子曾言：人能弘道，非道弘人，你我虽然平凡，亦应该将责任一肩担起，力所能及！此之谓"位卑未敢忘忧国"！

孟子同样是自强不息人生精神的典范。在谈及做人的时候，孟子说："居天下之广居，立天下之正位，行天下之大道；得志，与民由之；不得志，独行其道。富贵不能淫，贫贱不能移，威武不能屈，此之谓大丈夫。"（《滕文公下》）孟子的这些话，可谓一个顶天立地大丈夫的人生宣言。多少历史上的志士仁人，抛头颅、洒热血，谱写一曲曲人生的赞歌，都源自孟子大丈夫精神的激励。还有司马迁，大家知道，他在朝为官，负责历史的撰写，在李陵案的事情上，他公正地说了几句话，结果激怒了汉武帝，最后被处于宫刑。在《报任安书》中，司马迁非常沉痛地叙说了自己的心情，作为一个大丈夫，受到这样不公正的待遇和屈辱，真想以死明志，可是司马迁还有更伟大的理想和责任，他说：亦欲以究天人之际，通古今之变，成一家之言。草创未就，会遭此祸，惜其不成，是以就极刑而无愠色。仆诚以著此书，藏之名山，传之其人，通邑大都，则仆偿前辱之责，虽万被戮，岂有悔哉？然此可为智者道，难为俗人言也！正是带着这种沉甸甸的担当和使命，忍大辱，负大重，决定实现自己的夙愿。而且，司马迁也从历史的长河中吸取了坚强面对委屈的精神力量。

司马迁注意到，凡是在历史上留下名字的那些大人物，大都是历经淬砺而逢生。据此，司马迁说：盖西伯（文王）拘而演《周易》；仲尼厄而作《春秋》；屈原放逐，乃赋《离骚》；左丘失明，厥有《国语》；孙子膑脚,《兵法》修列;不韦迁蜀,世传《吕览》;韩非囚秦,《说难》《孤愤》;《诗》三百篇,大抵圣贤发愤之所为作也。司马迁的这种人生体验,让我们每每遭遇不公平和苦难时,都能够勇气倍增,每当在人生的逆境时,都愿意以司马迁总结的这种精神作为精神的原动力!

当然,中华民族生生不息的自强不息精神,贯穿于中华民族历史的始终,包括文天祥、林则徐、谭嗣同、孙中山、周恩来等,每一个在历史上留下名字的伟人,无不是历尽磨难而成就一番事业。如文天祥,生活在一个汉民族危机阴影笼罩的时代。南宋已经风雨飘零,但他带着对自己故土家园的热爱,誓死捍卫。在《过零丁洋》中,他写道:辛苦遭逢起一经,干戈寥落四周星。山河破碎风飘絮,身世浮沉雨打萍。惶恐滩头说惶恐,零丁洋里叹零丁。人生自古谁无死?留取丹心照汗青!读这首诗,那种人生的悲戚、荒凉和绝境之中不甘于沉沦的英气和担当,跃然纸上,震撼我们的心灵!所以,有些历史的研究者认为中华民族的民气从北宋以后就衰败了,其实不然。比如谭嗣同,在维新变法失败之时,明明知道自己面临的凶险,且他完全可以出走日本避祸。但是,谭嗣同抱着杀身成仁、视死如归的信念,认为中国振兴必须要变法,而变法就需要有人为国家流血,决定从容赴难。

在就义之前,谭嗣同写下"我自横刀向天笑,去留肝胆两昆仑"的诗句,让人荡气回肠。大家想一想,近代中国,被列强凌辱,上海租界甚至写出"华人与狗不得入内"的牌子,可见民族衰败到了什么地步。但是,中华民族再一次振兴和腾飞,其原因何在?就是包括谭嗣同在内的无数志士仁人,能够为了国家置生死于不顾,所以才用鲜血写就了民族振兴的道路。

写到这里,大家不要以为生生不息的人生精神,只是大人物的事,其实不是。在《列子·汤问》中记载了一个"愚公移山"的故事,给我们以人生的启迪:愚公一家,住在太行、王屋二山之间,出行非常不便。于是决定动用全家的力量开启山路,结果遭到了智叟的嘲笑,认为这是自不量力。但结果是愚公的诚心和执着感动了上天,上天派神把山移走,实现了愚公的愿望。故事很简单，却告诉我们，人无论面对什么样的困难，都不要被吓倒，只要能够持之以恒，总会有变化。愚公尚且如此，我们应该向他学习，不论自己多么平凡，都要有这种精神，认定了该做、值得做的事，就应该矢志不移，绝不轻言放弃。

在这里，我也想谈一点我的感受。在阅读我的导师张岂之先生的书时，几次先生都提到清代张维屏的诗：沧桑易使乾坤老，风云难消千古愁。多情唯有是春草，年年新绿满芳洲。张先生专门把春草当作颂扬的对象，恐怕有先生的考虑。但时光匆匆，并未深究。当自己的生命体验加深之后，逐渐地感觉到，随着岁月流转，我们无论在少年的时候有多少的雄心大志，都不得不面对这样的现实，一个人生命的展开受限于各种因素，人的一生并不是我们想怎么样，而往往是我们要学会接受平凡，学会随遇而安，但是，需要强调，这种对平凡的接纳，对随遇而安的领悟，绝对不是消极，更不是放弃奋斗，而是勇于面对生命的真实，并在这种真实的直面生命中，做一根小草，哪怕是平凡甚至卑微，都要勇敢地以自己的方式，迎接春天的花开与秋天的果实。苔花如米小，也学牡丹开，生命当如是！

因此，生生不息的人生精神，并非是大人物的专利，更不是与我们无关。相反，他应该成为我们每一个人的人生自觉。无论我们生活得多么平凡，都会有自己应该担当的责任，有自己应该承担的使命，都会不得不面临许多的不如意，所以南宋方岳说"不如意事常八九，可语人处无二三"。正因为如此，我们才要学习愚公的精神，面对人生的困难、坎坷和种种的不如意，只要是自己应该做的正确的事情，一定要不气馁、不绝望、不放弃，总有一天，人生的局面会因为坚持和毅力而发生变化。水到渠成包含了非常深刻的道理，当一个人希望成功还没有成功的时候，是因为自己的努力还没有达到这个程度，怨天尤人和自暴自弃，只能是半途而废，从这个角度，愚公移山的精神，应该成为我们每一个平凡人都自觉秉持的人生精神。

记得在网上看到了这样一则消息，在北京大学迎接2008年新年联欢晚会上，已经是花甲之年的北京大学校长许智宏，在晚会现场不仅致词鼓励北大全体学生不断创造新的人生辉煌，而且他深情演唱了台湾流行歌手张韶涵的一首流行歌曲《隐形的翅膀》，可谓曲惊四座，赢得了台下数千学子们的热烈掌声。许校长不太规范的歌声让很多在场的北大学子动容，不仅仅是因为校长的与时俱进，更在于这首歌词让我们每一个平凡的人感动：

> 每一次都在徘徊孤单中坚强，
> 每一次就算很受伤也不闪泪光。
> 我知道我一直有双隐形的翅膀，
> 带我飞飞过绝望。
> 不去想他们拥有美丽的太阳，
> 我看见每天的夕阳也会有变化。
> 我知道我一直有双隐形的翅膀，
> 带我飞给我希望。
> 我终于看到所有梦想都开花，
> 追逐的年轻歌声多嘹亮。
> 我终于翱翔用心凝望不害怕，
> 哪里会有风就飞多远吧。

这样的歌词，虽然出现在流行歌曲中，但体现的不正是生生不息的人生精神吗？要相信，只要努力，只要懂得珍惜，只要真诚地反省自己的不足，只要在徘徊孤单中学会坚强，所有的梦想，都会开花，去装点人生的风景。所以，自强不息的民族精神和气质，是一种活的精神，不只是在书本里、在历史里，而是流淌在中华民族的文化血脉里。有了这种生生不息的自强精神，对于人生的很多境遇，我们都不能预知，面对自身之外的很多因素，我们都不能决定，但是，我们所应该具备的是人生的这种精神：

永不放弃，永远自强，永远敢于承担，永远为了理想而不惮于前驱。唯有如此，人生才会精彩，生命才能呈现出应该有的意义和价值。

诚然，在当前我们要看到这样的现象，社会被急功近利的做法所挟裹，浮躁之风盛行，很多人耐不住寂寞，不愿意真正在风雨的搏击中成就人生和历练人生，而是渴望奇迹，追求捷径，最终不免剑走偏锋，导致潜规则等丑恶的现象盛行，最终引发整个社会风气的沉迷和畸形，这不得不引起我们的重视。当然，一个民族风气和精神的重振，需要制度建设、教育等各方面的努力，但毋庸置疑，在文化领域自觉地崇尚自强不息的人生精神，无论对于民族精神的激扬，还是对于个人精神风尚的塑造，都有着不可替代的作用。

4. "自强不息"精神的传承、培养与弘扬

文化只有融化为人民的觉悟，才能焕发出勃勃生机。对于我们每一个中华民族的儿女，不仅要在道理上领会自强不息的精神内核，而且还要在行动上自觉按照"自强不息"精神的要求，提升自己的精神境界，完善人格，净化心灵，拓展格局；并通过自己的努力让优秀中华文化中蕴含的自强不息的精神品格代代相传。具体说来，在如何培养、传承、弘扬自强不息之精神方面，我们每一个人都应该做到以下几点：

其一，文化是自强不息精神的载体，我们要自觉地把传承中华优秀文化作为自觉使命，并通过文化的传承和弘扬，培养民众的自强不息之精神，使得维系民族发展和振兴的自强不息精神薪火相传。民族精神不是抽象和枯燥的几条原则，而是渗透和蕴含于丰富的文化典籍之中，而这些优秀中华文化的典籍，不仅是文化传承的主要载体，也是民族精神传承的重要载体。近代以来，对于如何正确处理好文化传承、创新与民族现代化的关系，中华民族经历不少的坎坷和波折，当尘埃落定之后，纵观和横阅人类的文明史，我们会发现文化的发展从来都不是推倒重来，而是在累积的基础上，不断通过自我反省、自我批判、善于学习和勇于创造，从而使得

人类文明不断走向更高阶段。因此，我们应该从非理性的否定历史文化的泥潭中走出来，真正去学习和领悟中华民族的文化经典说了些什么，善于总结中华文化对于人们正确处理人与自然、人与社会、人与人、人与自己心灵等各种关系的启迪，并结合新时代的要求，不断地充实、丰富、发展中国文化，使之永远成为民族发展和进步的智慧源泉和精神家园。

其二，每一个人都要自觉树立自己为自己负责的信念，不怨天，不尤人，珍惜人生提供的各种机会，力所能及通过自己的努力改变命运。一个人的成功需要很多因素，对于自身之外的因素，我们往往不能把握，但是，我们可以做好自己。因此，处处善于发现自己的不足，处处善于从自身出发寻找问题的原因，这对于一个人的成长非常重要。有了这种态度，就能够永远保持一种积极的人生态度，更容易取得成功。反之，如果一个人遇到问题就指责他人，为自己的失败找出各种外在的理由，往往会越来越失意。永远树立一种自己对自己负责的观念至关重要，他会改变人一生的命运。当然，我们并不是否认外在力量的重要性，但是一定要清楚外在的力量只有在一个人努力到一定程度的时候，才起作用。否则，扶不起的阿斗，机会对他只能是迎面错过。

其三，勇敢地面对各种困难，视困难为历练人生的洗礼。莲花的圣洁，需要盛开在污泥中间，不经历风雨，怎么见彩虹？没有人随随便便成功。不经一番寒彻骨，焉得梅花扑鼻香？这包含了深刻的人生哲理。每一个人的人生都不会一帆风顺，尤其是当下中国正处在一个社会转型期，市场经济鼓励人与人的公平竞争，因此，我们怎么看人生的挫折和坎坷？怎么样才能实现我们的理想？正确地面对困难是很重要的人生一课。没有风雨的洗礼，永远不可能成为大树；没有对苦难的征服，永远不可能成为人生的强者，毛泽东、周恩来等这些革命领袖，哪一个不是在九死一生的苦难中成为一代伟人？这正应了柏拉图的话：一切伟大的事物，都将矗立在暴风雨之中。

其四，每一个人的能力有大小，不管伟大还是平凡，都应该抱有对社会的一份责任，位卑不敢忘忧国。一句话，自强不息不仅是实现个人理想的精神力量，更是国家振兴的力量源泉。个人的幸福与国家的兴盛紧密相关，只有人人关心国家、人人对国家负责，国家才能兴旺发达，人民才能生活幸福有尊严。当前，有一些年轻人对国家、民族的责任淡漠，其实这是缺少智慧的表现。一个人要真正懂得国家兴盛与我们每一个人的关系，要像爱自己的父母一样，爱护我们的国家，国家兴，人民才有尊严。否则，一个"华人与狗不得入内"的时代，人民的幸福又在哪里？这是需要我们永远铭记的历史教训。

其五，自强不息的精神还要求我们要拥有真正改变自己和国家命运的智慧和技能。自强不息的精神不是流于空洞的说教，而应该是切实改变个人和国家命运的利器。因此，我们每一个人都应该珍惜机会，踏实地增长本领，勤勉地工作，诚恳地待人，无论从事哪种行业，都能够高屋建瓴，游刃有余，真正在实践中把工作做好，同时也改变自己的命运。

一句话，中国文化特别强调知行合一，我们不仅要在道理上懂得自强不息的含义，更应该在实践中培养自强不息的精神，只有这样，中华民族的未来才不惧任何的挑战和困难！对于我们每一个普通人而言，更应该将自强不息的精神融汇为心灵的自觉，此生不管遇到多少的风浪，都能视为对人生的历练。一个人有多大的成就，某种程度上取决于有多大的承受能力；所谓的人生困难，跨过去了就是人生的洗礼，跨不过去就成为压垮自己的高山。红军长征，其困难不可思议，但还是有很多人经历千难万险而走出来。原因何在？就是因为心中有一团蓬勃的力量！

如何拥有智慧——为有源头活水来

智慧是一个人最大的财富。有了智慧，人们才能懂得如何获得地位、名利等外在的东西，也才知道如何驾驭财富、权力等外在的东西。但究竟什么是智慧，却不容易说清楚。有人说：我们读书，不就是在增加智慧吗？其实未必。因为书中告诉我们的大多是知识，而知识只是适应特定的场合，一旦离开了这个特定环境，这些知识就变得毫无用处。可以说，知识都是与特定环境相联系，不过是在特定环境才有效的东西。比如，牛顿定律看起来很伟大，极大地改变了人类生活，但是在量子力学适用的微观世界，牛顿定律并不起作用。而智慧则与知识不同，它超越环境的限制，在任何的环境都可以指导人们做出正确的决策。对于一个人而言，任何外在的财富都可能失去，唯有一个人的智慧永远不会丢去。而且，一个人拥有了真正的智慧，就会懂得如何进退，如何看待得失，如何把握机会。当拥有财富、地位的人缺少智慧的时候，财富和地位也许会给他带来的不是幸福，而是灾祸。那么，究竟智慧是个什么东西？我们怎么才能成为一个有智慧的人？这是每一个人都会关心的问题，我们在这里尝试做一个回答。

我们看看古今中外的历史，会发现：所谓有智慧的人，总是在恰当的时间，做最该做的事，而且还能够用适宜的办法把事情做好。一个有智慧的人，总是能够很好地处理人生面临的各种问题，包括释疑生命的困惑、正确处理人生面临的各种关系。我们不仅要追问：一个人为什么可以拥有这种能力？我们不妨先读一段岳飞和宗泽讨论如何用兵的故事：

宗泽是宋代有名的抗金名臣，有一次他对岳飞说："以你的智勇才干，比之古代良将，也丝毫不逊色。然而你喜欢野战，这不合古人兵法。你现在还只是偏裨将领，这样做尚且不妨。如果今后当了大将，不懂阵法是万万不可的，你好好看看这本阵图，认真研究、体会，今后作战时会有用的。"岳飞看了阵图之后，就把它放到了一边。不久，宗泽问岳飞："看了阵图，可有心得？"岳飞回答："留守大人给我的阵图，我已经仔细看过了，书上写的不过是一些定局罢了。古今的情势不同，作战又会面临各种不同的地形、地势，岂可按固定的阵图去打仗？兵家之要，在于出奇谋，常使敌军不可预料，方能取胜。比如在平原旷野之上，突然与敌人相遇，哪还来得及按图布阵？况且，我现在只是一员裨将，带兵不多，如果按固定阵式摆布兵马，敌人对我军虚实即可一目了然，要是以铁骑从四面冲来，那恐怕我就要全军覆灭了。"岳飞的这个回答出乎了宗泽的意料，他问岳飞："照你所说，难道这些阵法都不足用吗？"岳飞回答："阵而后战，兵之常法，运用之妙，存乎一心。"

在岳飞看来，所谓兵法上的一些"阵图"，无非是先假定什么环境、什么地势、气候等，然后如何结合这些客观情况排兵布阵。但在真正两军对垒的时候，环境千变万化，根本不可能和阵图上讲述的一样。正因为如此，一个真正有智慧的将军，绝不是像赵括一样"纸上谈兵"，而是如岳飞所言"运用之妙，存乎一心"。

通过这个故事，我们可得出这样的道理：一个人面对的世界，是一个瞬息万变的世界；一个人面临的问题，也是此一时彼一时；因此，任何一个所谓的具体方法，都不过是针对特定环境的特定问题，如果离开了特定的环境和特定的问题，这个方法就会丧失它的效用。比如，毛泽东、朱德在井冈山时期根据敌强我弱的形势，制定了"敌进我退、敌驻我扰、敌疲我打、敌退我追"的战略战术，在几次反围剿的作战中，屡屡取得成功。可是，我们要清楚毛泽东、朱德的这个打法不过是在那个环境的产物，适应那个特定环境的需要，如果环境发生了变化，对象发生了变化，解决问题的方法也必须随之发生变化。如果在今天中国和某些国家因为领土争端发生了军事冲突，中国的实力已经今非昔比，敌我形势也发生了根本变化，在这种情况下我们就不必要固守什么"敌进我退"那一套战术了。而是根据新的敌我形势的现状，制定行之有效的新的战略方针。所以，一个真正有智慧的人，不是学一个具体的方法，而是要学岳飞"运用之妙、存乎一心"的圆融智慧。只要一个人心中有大智慧，就会根据不同的问题和不同的情况，因人制宜、因地制宜、因时制宜，采取恰当的方式处理好问题，这才是真正的智慧，而不是刻舟求剑，更不是固步自封。由此，我们可以得出结论：真正的智慧，不是固守一些什么方法，也不在于拥有多少知识，而是心灵升起的一种能力，一种对任何问题都能够恰当处理的能力。那么，人们心中如何才能拥有大智慧呢？对此，中国圣贤的很多经典都有所论述，我们姑且以儒家的《中庸》为范本，探讨一个人如何才能达到智慧的状态。

在《中庸》的开篇，指出：喜怒哀乐之未发，谓之中；发而皆中节谓之和；中也者，天下之大本，和也者，先下之达道；致中和，天地位焉，万物育焉。这句话告诉我们什么秘密呢？从字面上看，意思是说：一个人的喜怒哀乐等这些情绪没有发出就是"中"，如果把喜怒哀乐等这些情绪发出来且恰到好处，那就是"中和"的状态。在这个"中和"的状态下，人们就有了与天地万物打交道的智慧，能够处理好人类面临的各种关系。那么什么地方能够发出喜怒哀乐呢？很显然，就是人的心。而且，心在发出喜怒哀乐的时候，不被喜怒哀乐所困扰，而且能够把各种情绪调控在适宜的状态，就能够达到一个智慧通达的状态。

如果我们仔细解读《中庸》的这句话，就会发现在中国文化看来，一个人的智慧就在一个人心灵之中，可现实中为什么有的人有智慧，有的人却很愚蠢呢？问题就在于一个人是否能够领会那个"喜怒哀乐之未发"的"中"，并不被各种情绪所干扰，始终能够把握智慧涌现的那个"心"。可是，一般的人为什么就到不了岳飞所说的"运用之妙、存乎一心"的境界呢？

中国文化也给了很好的解释，我们对此不要故弄玄虚，一言蔽之，当一个人的心被"贪欲、愤怒、愚痴"等弊病所蒙蔽的时候，那么人心的智慧就无法涌现，就不能对客观的情势作出正确的判断，就会作出蠢事和傻事。人们平常所说的利令智昏、权令智昏、色令智昏等现象，均与此有关。

我们平时都有这样的体会，当自己很冷静的时候，很少犯错误，因为内心会告诉我们什么是对什么是错；可是当自己勃然大怒的时候，往往会丧失理智，不仅会说错话，更有可能做出错误的判断和决策，等事情过后又追悔莫及。所以，很多人都懂这样的道理：在自己内心极不平静的时候，一定尽可能避免做决策，其原因就在这里。诸葛亮对此有自己的体会，他在《诫子书》中说：君子之道，静以修身，俭以养德；非淡泊无以明志，非宁静无以致远。大家很早都会背诵这句话，可道理在哪里呢？诸葛亮的意思是一个真正的君子，都懂得在内心平静的状态下修养自己，通过减少欲望培养自己的德行。一个人只有在淡泊中，才能不忘记自己的使命和责任，只有在心灵宁静的状态下，才能智慧通达，意境高远。诸葛亮所描述的境界，就是一个人心灵能够保持定力，能够不被各种情绪所干扰，在这个状态下才能明志致远。那么，在现实中，哪些情绪会干扰人们的心智进而让人变得愚蠢呢？

比如，一个贪财的人，如果在贪念不起的时候，尚且知道自己是谁，知道什么该做、什么不能做；有了这样的智慧，就不仅可以把工作做好，还能保护自己的平安。结果，由于大权在握，很多利益就会送上门来，一旦经不住诱惑，权钱交易，最终东窗事发，身陷囹圄。原因何在？这就是利令智昏。还有一些人，喜欢大权在握的那种荣耀和尊贵，结果该退出舞台的时候不懂得功成身退，最终在历史的车轮面前不得不退出舞台，却导致身败名裂，这就是权令智昏。还有的人过不了美色这一关，一夜贪欢之后，却发现已上贼船，最终咎由自取，自作自受，等等。诸如此类的现象，都是由于内在的智慧被蒙蔽之后出现的问题，正是因为这样，孔子才说：无欲则刚。孔子这句话，看似很简单，实则有大智慧。

既然人人心中都可以拥有大智慧，我们如何找到这个智慧呢？中国文化也做了很好的回答。如前所述，智慧的涌现就在"喜怒哀乐之未发"之处，那么，我们就要时刻保持内心的清净，尽可能不要被欲望、嗔恨、嫉妒、痴情等这些情绪所干扰，时时关注自己内心的纯净，当一个人内心清净的时候，就能够让心灵处于有智慧的状态，就能做到淡泊明志，宁静致远。我们每一个人都会有类似的体验：当自己很清醒冷静的时候，很少说过分的话、做错事；因为自己心中涌起的智慧会告诉自己该怎么做，不该怎么做。但是，当自己在欲望的诱惑下丧失理性判断的时候，或者在怒气冲冲的情况下冲昏头脑的时候，最容易说错话、办错事。有俗话说：恋爱中的人最傻。这当然是一句玩笑话，但是不可否认，当一个人被痴情控制的时候，心灵的智慧和判断力就会削弱，这种情况下确实容易导致判断力下降，甚至会看错人、做错事。

儒家说人人皆可以为尧舜，佛家说人人心中都有佛性，因此每一个人都应该自信成为一个有智慧的人。我们作为普通人，如果希望成为一个拥有智慧的人，就要尽可能让自己的心灵宁静，尽可能排除心灵的干扰。人们在奉劝一个人的时候，总是说做事一定要心无旁骛、一心一意，为什么如此？就是因为心无旁骛、一心一意的状态，智慧才不容易被蒙蔽。所以，真正做大事的人，一定是能把自己的心管住的人。我们说一个人很难不犯错，但是真正的大英雄，却可以在万千诱惑和干扰的情况下管好身心，集中心智，在这种情况下智慧涌现，该怎么做，不该怎么做，"运用之妙，存乎一心"。明白了这个道理，我们就理解为什么陈毅吃糍粑蘸了墨水，牛顿煮鸡蛋却把手表放在锅里，这就是心智集中在一点表现的状态，这种人最容易出大成就。

著名围棋国手聂卫平在围棋上取得巨大成就后，开始喜欢桥牌，甚至希望在桥牌上也能有所建树。在20世纪80年代，聂卫平访问日本，会见日本围棋界的大师吴清源先生，当知道聂卫平醉心于桥牌的时候，吴清源告诉他：搏二兔，不得一兔。据后来聂卫平回忆，吴清源的告诫，给他当头棒喝：一个人做一件事，能够做到极致，就很不容易；否则顾此失彼，不免一事无成！禅宗常说：制心一处，无事不办，就包含了这个道理。

在历史上，很多大人物天生就有集中心智的自觉和能力，懂得通过培养自己的定力来提升自己的智慧。毛泽东早年在湖南第一师范读书的时候，曾经到最繁华的长沙街头读书，在周围人来人往的环境中，毛泽东身无旁骛，专心致志，专注于自己的阅读。很多人不理解为什么不到安静的地方读书呢？实际上这是毛泽东的"安心"之法。如果在这种熙熙攘攘的环境中，毛泽东能够集中心智读书，那么还有什么环境可以干扰他的心智呢？由此我们就可以理解，为什么后来毛泽东在两军对垒的艰险环境中，面临生死考验，都能够做到泰山崩于前、猛虎断于后而面不改色。一个人也只有到了这个状态，才能不被外在的环境干扰而迸发智慧。又如蒋经国有一次拜见著名的高僧广钦老和尚，广钦老和尚因为平时只食水果，被誉为水果和尚。老和尚告诉蒋经国：人生一切的智慧都是从定力中来，而人生定力的培养要从静中来。据说蒋经国听到后，当时就大加赞誉：老和尚的话，不仅是对我的教育，也是当今教育和军队训练必须做到的基本要求。由此可知，蒋经国也是一个明白人。当然，任何一个人也并非能够一直内心清净，所以，再伟大的领导人，一旦被权位所迷，被歌功颂德所迷，也难免做错事。更何况，当今的人们，有不少机会面对光怪陆离的世界、灯红酒绿的诱惑，很多人变得心浮气躁，根本不懂得如何做到静下心来，聆听心灵的智慧；因此，很多人往往在各种诱惑和情绪的波动中，失去正确的判断和自我操守，最终人生也在各种无意义的消耗中迷失前行的方向。

当然，我们这样说并不是说一个人必须丢掉任何欲望，坦率地说，这对于普通人根本做不到，但是，我们懂得了这个道理，就应该警钟长鸣，尽可能管好自己，而不能做欲望的奴隶，最终受制于人。我们虽不能做到完全清净，却可以尽可能做到让自己的心灵保持宁静的状态，这种状态就可以把自己内在的智慧涌现出来，做到挥洒自如，进退得当，因人、因地、因时制宜，把该做的事情做好。现在很多年轻朋友为什么心里有那么多的焦虑和不安？原因固然多多，其中之一，就是在光怪陆离的诱惑中，很多年轻人开始迷失自己，根本不知道自己是谁，更不知道自己应该追求什么，最终导致精神焦灼，空把青春时光错过。一个真正有智慧的人，一定是能够在众多诱惑中保持定力的人，能够多倾听内在智慧的召唤，而不是在追逐外在诱惑的过程中迷失自己。

如何认识我们的局限

人人都有自己的局限,这个局限,往往是一个人的死穴。如果我们不能正视自己的局限,这个局限就会成为人生的滑铁卢。20世纪,中国出了一个著名的厦门远华走私大案。远华的头头叫赖昌星,运用各种手腕,把很多官员拉下水,使之成为远华走私违法犯罪的"保护伞"。那么,我们不禁要问:这些官员生活得有尊严,有地位,为何甘愿做走私犯的"保护伞"而成为阶下囚?答案很简单:就是自己的弱点被赖昌星利用所致。据有关报道,赖昌星有一个专门招待客户的小楼,根据他对官员的观察,有的人喜欢美色,就安排他的女服务员与之"春风几度";有的人喜欢金钱,那就把重金奉上;有的人喜欢古玩,那就不惜重金购买真品,专门投其所好;等等,不一而足。一旦官员的弱点被赖昌星利用,这些人就只能乖乖地听从赖昌星的利用和指挥。可见,如何清醒地认知自己的局限,不仅关系"自知之明",甚至关系身家性命。那么,人生到底面临什么样的局限?我们应该怎样正确对待自己的局限?

我们常常把人类自称为文明的生命,所谓的文明,实际上是指一种对世界和自身的觉悟。正是有了这种觉悟,人类才能知道自己是谁,自己能做什么,自己能成为什么。遗憾的是,人类历史的几千年,"人世难逢开口笑,上疆场彼此弯弓月,流遍了,郊原血",往往充满了愚昧、狭隘、自私、残忍和暴戾。如果我们追问为什么产生人类历史上的很多悲剧,皆与人类没有觉悟到自己的局限性有关。于是,在盲目自大、自以为是的自负中，或者在盲目崇拜、迷失自我的愚昧中，许许多多的历史悲剧一再重演，让人一声叹息。我们在谈到人们的觉悟时，不仅包括了人对世界的觉悟，更应该包括人对自我的反省。正是基于这种认识，我试图对人的局限和超越问题作一个简单的分析，以期在这种讨论中更深刻地认识人类自我，更深刻地理解人的弱点是什么，人能做什么，人可以成为什么。某种程度上，这种对自身的觉悟，是人类文明的"根"。

西方文化对人类的局限有深刻的体悟。在德国哲学家康德的哲学中，有两个概念：此岸世界和彼岸世界。在他的哲学逻辑中，作为此岸世界的人，永远无法真正认识彼岸世界的真相。所以，在《纯粹理性批判》一书中，康德就是要批判那种脱离了经验世界的"纯粹"的理性，认为这是一种"僭越"，人类的理性只有与实践经验相结合，才能认识世界，否则只能是无果的努力。无独有偶，英国的哲学家佛朗西斯·培根，曾经提出了"假象"之说，认为一个人在认识世界的时候，很难逃脱"种族假象""洞穴假象""市场假象"和"剧场假象"等种种制约。其实，无论是康德的此岸和彼岸之分，还是培根的各种假象之概括，都告诉我们这样一个道理：任何一人在认识世界和自身的时候，都是处在特定的时空条件下，都受特定时空条件的制约，而这种制约就成为一种规制个体言行的力量，就构成了现实人的局限性。那么，我们应该怎么样看待这种局限性？面对局限性，人类能否实现自我超越？这些问题，既是困扰人类文明史的永恒问题，也关系到我们每一个人如何认识自我、如何明确自己的定位。

首先，我们要明确每一个人都是在特定时空条件下生存，谁也无法摆脱特定时空条件对我们的影响和制约，而这种制约，就构成了我们每一个人的局限性。我们平日所说的所谓时代局限、阶级局限等，都是特定时空条件导致局限的体现。比如，曾有一个人向我询问：今天有必要大力提倡孔子的智慧吗？他提出君君、臣臣、父父、子子，支持等级观念，和今天提倡的平等、民主、自由等理念并不一致。我告诉他：孔子生活在两千五百年前的年代，乱世纷纭，风雨如晦，礼崩乐坏，在那个时候，孔子所强调的君臣父子之论，实际上是为了对治乱世的无序，希望中国能够实现井然有序的状态，这有什么错吗？你不可能指望他在那个时代提出类似于今天平等、民主的理念。我们理解孔子的话时，不能脱离当时特定的背景。从这个意义上，我们每一个人都不能苛求历史，每一个人不可能不受到他那个时代的制约和限制。面对历史的变迁，每一个时代都有各自时代面临的问题和困境，应运而生的大思想家、政治家等，能够顺势而变，提出符合那个时代要求的主张，不断地推着社会向更文明的方向前行，这就是一幕幕人类文明不断交替的历史，也是你方唱罢我登场的历史洪流。也正因为如此，每一个人也只能在特定的时空环境下完成自己的使命，一旦时空转换，每一个人应该懂得"滚滚长江东逝水，浪花淘尽英雄"的道理。也只有真正的智者，才懂得"功成身退"的道理。"功成身退"不仅仅是一种明哲保身的人身哲学，更是对人生局限性的自觉。当属于自己的时代来临时，潇潇洒洒，干出一番事业；当属于自己的时代结束时，勇于向曾经的辉煌告别，给后来者也给自己一个机会。

纵观近代中国历史的转折期，由于时空局限而带给中国社会的伤害，比比皆是。近代农民起义的最高峰"太平天国运动"，即是人类局限性的鲜活证明。当那些起义的领袖喊出"斩杀清妖"时，到处焚毁孔庙、道观等中国文化殿堂时，殊不知，太平天国的某些做法，并不比他反对的清王朝好到哪里。著名学者冯友兰在研究近代中国哲学史时，提出一个观点：他认为曾国藩灭掉太平天国是大功一件。他之所以得出这个结论，是因为太平天国起义如果成功，中国则会沦为一个封建专制加神权的时代，结果会使中国更加愚昧不堪。冯先生的结论固然是一家之言，但不可否认，洪秀全等起义领导人，限于时代和眼界的局限，并没有真正能够领悟近代以来人类社会发展的潮流，不可能提出类似民主共和的主张，更无可能为苦难的中华民族开启一个光明的未来。背负着历史因袭、阶级局限、时代制约等局限的这些农民领袖，怎么可能提出一个超出那个时代的纲领和制度呢？所谓美好承诺的背后，多半体现了农民兄弟纯朴的想象和憧憬。不独是太平天国运动，包括近代的康有为、袁世凯等，这些所谓影响时局的大人物，无一不是在各自的蒲团上跳舞，所演绎的故事都逃不出各自的局限。

认识到时空带给人们的局限，对于人类文明的进步有非常重要的意义。一个真正有智慧的人，一定是有"自知之明"的人，一定是能够不断反省自己和自我警惕的人。我们会看到，人类社会的很多悲剧，都是因为人们没有觉悟到自身的局限性，看不到时事变迁，每一个人只能做自己该做的事情。否则，那种自以为无所不能的狂妄和无知，最终不仅会对人类社会带来危害，而且也会让自己承受历史的审判。

其次，人类不仅有特定时空条件制约的局限，从更宏大的角度看，整个人类都面临共同的局限，那就是人性的弱点问题。究竟什么是人性，这是一个永恒的话题，千百年来的各种争论，也没有消弭人性问题上的各种理解。对于人性的内涵，孟子曾经有一个说法：人之异于禽兽者几希，君子存之，小人去之。就是说，人和禽兽有很多共同的地方，如饮食男女，但人和禽兽也有不一样的地方，如仁义道德；君子则是能够把人和动物不一样的地方如仁义道德保留下来，而小人则是把人和动物不一样的地方给丢掉了。如果一个人把人和动物不一样的区别给去掉了，不就是我们所说的"衣冠禽兽"吗？通过孟子的说法，我们就发现所谓的人性，其实包含了各种可能，既有饮食男女的需求，也有仁义道德的理想，所以任何对人性简单的结论都是违背了人性的常态。既然人性充满了各种可能，如何超越人性的弱点而彰显出人性之中伟大的光辉，就成了人类面对的永恒问题。

正是基于对人性的认识，我们就容易理解我们生活的世界为什么是这个样子。人类生活的状态，某种意义上就是人性的展开。人性的复杂，决定人类社会的复杂；人性的内涵极其丰富，决定了人类社会也是多种多样。人性之中既有对欲望的膜拜和追逐，也有对道义的追问和求寻，那么在现实社会中，就会既有致力于家国天下的豪杰，有献身于穿透时空的超越性思考的圣哲，还有蝇营狗苟在欲海中沉沦的违法犯罪之徒。人性中不乏光辉的部分，于是我们的人生有时不乏勇气和担当；人性中不乏贪私的部分，于是我们的人生也不免沉沦和堕落。用这种角度看历史时，我们不难发现，多少大人物，似乎都在印证一个辉煌与沉迷的轮回，即便是伟大的英雄，也会犯一些低级的错误。原因何在？皆是因为人性本来如此。一个再伟大的英雄，都摆脱不了人性的弱点。从这个意义上，人本就是注定要犯错的生命，因为人性的局限使然。大家阅读历史的时候，会发现再伟大的英雄，也有的时候会犯低级的错误，其实这并不奇怪。因为英雄也是人，也有人性的弱点。英雄的伟大在于多大程度上克服自己的弱点。

唐太宗李世民，是公认的伟大君王，有一次在退朝后怒气冲冲地告诉长孙皇后：魏征这个乡巴佬太过分，我一定找个机会杀了他。长孙皇后急忙问其中的原因。原来在朝堂之上，李世民每每提出自己的想法时，魏征总是喜欢说"不"。这样的次数多了，难免逆了李世民的"龙鳞"。而长孙皇后听后却叩首祝贺，李世民问为什么？长孙皇后说：任何一个伟大的君王，一定有敢于直谏的大臣辅佐。皇帝能够有魏征这样的大臣，实在是大幸，这是让您成为千古名君的机会！李世民听后若有所悟，从此更加注意兼听则明。魏征死后，太宗十分难过，恸哭长叹，说出了那句千古名言："以铜为镜，可以正衣冠；以古为镜，可以知兴替；以人为镜，可以明得失……魏征殂逝，遂亡一镜矣。"他还令公卿大臣们把魏征遗表中的一段话写在朝笏上，作为座右铭，以魏征为榜样，做到"知而即谏"。通过这个故事，我们可以读出这样的道理：伟大的英雄如李世民者，也是喜欢顺从，喜欢赞美，这是人性的弱点使然，每一个人都有各自的弱点，这是客观事实。但是，李世民的伟大在于他能够认识到自己的弱点，能够尽可能通过各种努力克服自己的弱点，尽可能防止人性的弱点带来的错误。

既然人人面临局限性，大到人性使然，小至每一个人的生存条件，都是内在影响和规制人们言行的力量，那么，我们应该怎么样看待人的局限呢？佛家曾言：一灯能破千年暗，一智能化万年愚。这个"灯"就是"觉悟"。所谓的"觉悟"，就是对人、对自己的局限性有一个清醒的认知，而不是自以为是、自满自大，更有甚者，以为只手遮天，可以无所不为。人人都有局限，问题在于能否正视自己的局限，并采取恰当的措施避免局限。当一个人没有觉悟自己的局限性而胡作非为的时候，岂不知已是大难临头，此之谓"天网恢恢，疏而不失"。

当然，也有很多人能够清醒地认识到自己的局限。刘邦，汉代的开国君王，在楚汉之争结束后，有人盛赞高祖的伟大，刘邦非常谦逊地告诉众人：运筹帷幄，决胜千里之外，我不如张良；攻无不克、战无不胜、攻城掠地，我不如韩信；定军心，运粮草，做后勤，我不如萧何；此三人，各有长处，而且他们的长处非我所及。但是，我很清楚这一点，所以，给他们创造机会，发挥其特长，最终成就了他们个人的功业，也成全了我刘邦的事业。从这一点，我们可以看出刘邦的清醒。但是到了后来，刘邦也免不了饮食男女一人之大欲，晚年宠爱戚夫人。在封建社会，大家都知道母因子贵，受宠的戚夫人于是动了更换太子的主意。刘邦爱屋及乌，决心更换太子。太子刘盈的生母吕后非常惊恐，最终请出商山四皓来辅佐太子。面对此景，刘邦意识到吕后和太子的力量已经羽翼丰满，如果强行更换太子，恐怕会引来国家的动荡和灾难。于是，面对戚夫人更换太子的想法，刘邦命令今后永不再提。尽管如此，在戚夫人贪念的驱使下，刘邦由于欲念而动了更换太子的念头，实际上还是给后来戚夫人和儿子赵王的悲惨命运种下了苦果。刘邦去世后，吕后不仅害死戚夫人的儿子，而且将戚夫人砍掉手脚和舌头，做成"人彘"，让人惨不忍睹。

当然，一个人光靠心理上的"觉悟"克服人性的弱点还不够，还要真正能够将这种认知落实在当下，这就是中国文化强调的"知行合一""行解相应"。对于社会而言，则要建构一套好的制度，防范人性之恶带来的伤害。以此视角重读中国的近代史，更会让人感慨多多。中国共产党在民主革命时期，慷慨悲歌，最终成就伟业，为中华民族的统一和独立作出了不可磨灭的贡献。新中国成立后，面对如何建设一个新中国的历史责任，开拓出中华民族的振兴之路，毛泽东同志曾在1956年4月就提出了"走自己的路"的主张，后来，邓小平看到苏联模式的局限性、看到马克思的某些结论的局限性，看到革命年代我们形成的某些理论和思维框架的局限性，大胆地提出市场经济的改革取向，提出"三个有利于"的判断标准，强调不改革只有死路一条，可谓那个时代金钟大吕之声。

人性的局限，是我们每一个人都无法逃脱的宿命。我们作为人，都必须诚恳地面对人性的局限。因此，我们努力的方向是怎么样少犯错。面对人生的种种局限，正确的态度是，我们要懂得时时反省，时时检查自己，善于倾听别人的批评和建议，虚怀若谷，谦逊善意。相反，那种自以为自己是完人，是可以发号施令，可以颐指气使，可以胡作非为的人，其结果不仅会自毁长城，而且还会给他人和社会造成灾难。

当我们明白每一个人都是一个有局限的生命后，那么，我们不禁要问：面对时空的局限，人性的局限，我们有没有超越这个局限的可能？如果有，我们如何实现超越？对这个问题的回答，不同的民族有着不同的特色。如果我们阅读人类的文化史，会发现：任何一个伟大的民族，都在以不同的方式思考人类的自我超越问题。比如西方的基督教文化，他非常清楚人性的局限，所以提出了"原罪"的理念，提醒人们面对这种局限，必须时常忏悔和自责，否则，永远不可能到达美好的天国。但是，西方文明对待人的局限有一个基本的态度：那就是人的局限就是人的宿命，人自身不能实现自我的超越，因此需要一个外在的力量实现对人性的救赎，这就是上帝。康德之所以将此岸世界与彼岸世界加以对立，也是其内在的文化理数使然。

相比较而言，中国文化对于人性的局限，自然有着不同的一番风景。在《论语》中，曾子言：吾日三省吾身；孔子言：三人行，必有我师焉；还说"毋意、毋必、毋固、毋我"，等等言语，体现了孔子对人生局限性的觉悟。他担心人们把特定条件下得出的结论永恒化，所以提出"无可无不可"；对待教育工作，面对万千众生，他提倡"因材施教"，这都是孔子的伟大智慧。老子更是目睹人们因不能觉悟局限而带来的困境，提出"道法自然"，意在人们切不可因为"小我"的局限和束缚而失去了对宇宙万物的客观性关照。对于执政者，老子看到政治人物最大的问题在于困于自己的私欲而不能践行政治人物该有的担当和责任，于是告诫"圣人无常心，以百姓之心为心"。佛教也是如此，释迦牟尼关于盲人摸象的比喻，就很能说明问题。

中国文化不仅提醒人们要时时注意人类自身的局限，而且在如何超越自身弱点的问题上，中国文化也有自己的系统看法。儒家讲"人人皆可以为尧舜"，也就是说，人人都有实现自我超越的可能性；需要注意，人人皆可以为尧舜，并不代表人人就是尧舜。中国文化认为，人类之所以受困于种种局限，是因为没有真正开启智慧，而真正的智慧就在人的心灵之中。但是，由于心灵的珠光被人类的各种欲望所蒙蔽，因此，人生沉迷于种种烦恼尘劳之中而不能自拔，最终在红尘的沉沦中而不能实现不断的觉悟。那么，古圣先贤认为要把人们的智慧打开，引导人们实现真正的觉悟和超越，就要净化心灵，引发人心灵之中本来就具有的智慧。由此我们可以看到，儒家通过"非礼勿视、非礼勿听、非礼勿做、非礼勿言"的告诫，就是让人们不要继续加重心灵的污染，然后再经过一系列格物致知诚意正心等功夫，恢复人们的本来智慧，从而能够最终实现孔子的"从心所欲不逾矩"的目标。道家的做法类似，无论老子的"少私寡欲""道法自然"，还是庄子的"无所待""心斋""坐忘""逍遥"等，都是引导人们不要迷失于对外在诱惑的追逐中，真正明白人人本具的智慧，做一个不被假象迷染的"真人"。佛家同样认为"清静自性"，人人本具，而现实的人则迷失在种种的诱惑和假象之中，因此，只要解缚去粘，都能证出"不生不灭、不垢不净、不增不减"的人生、宇宙之真相。

通过对中西文化关于人性超越问题的不同回答，我们可以得出：不管哪个民族的圣哲，都认可人类的局限，都要求人们警惕因对局限的不觉悟而引发胡乱作为，从而导致人类的苦难。但对于如何对治这种局限，西方将希望交给了上帝，用上帝的全能救赎人类的卑微。而中国文化则将救赎的希望放在了人自身，认为人人皆有这种能力，但需要圣哲的启发、教育以及个体的努力践行，行和解统一，才能真正实现对人类局限的超越。

总之，对于整个人类而言，明白了自己的局限，无疑是人类文明的巨大进步。只有奠基在对人类局限性的清醒觉悟之上,我们才能知道自己该做什么,不能做什么,也才能明白如何在自己无知的基础上继续前行。无论是西方的外在超越,还是中国的内在超越,都告诉我们:人类的高贵在于能够不断地实现自我的超越,实现文明的提升。反之,如果人类自以为是,将某一个时空点上得到的体会加以绝对化,最终必然引发文明的沉沦和社会的愚昧。由此,我们就会赞叹为什么中国的第一部经典是《易经》,易者,大化流行,我们惟有抱着日新之谓盛德的自觉,才能真正摒弃固步自封,做到与时俱进,不断地再创辉煌。可惜的是,今天的一些人,以为西方文艺复兴以来昭示的人性解放和制度建构,就是人类的永恒和文明的终结,让人觉得可悲。任何制度建构,都离不开特定的环境与时代,没有一个制度适应全人类,各国有各国的情况;没有一个制度会亘古永恒,人类社会总是处在日新之中,每一个民族都要找到适合自己的制度模式,并自觉与时俱进。简言之,文明永远没有终结,我们都不过是行在途中而已。

面对人类的局限,日日新,又日新,才是我们应该抱有的自觉态度。无论是时空给我们的局限,还是人性给我们的局限,我们都要抱着真诚直面的态度,有缺点不可怕,问题在于我们是否认识到自己的局限并采取有效的措施规避人性的弱点。作为人,谁没有自己的局限和弱点呢?当我们懂得了人生无不面临各种弱点的时候,我们就要时时警惕自己,时时反省自己,并勇于超越自己,除了道德的提升之外,更需要建构一套好的制度来防范人性的弱点。只有这样,作为有局限性的人,才能少犯错,才能如孔子所言"过则勿惮改"。

确定人生的坐标

人一生有很多难题，其中之一就是如何确定人生的坐标。只有建立了人生坐标系，才知道我在哪里，我要去哪里。打一个比方，如果把人生比喻成一个旅程，首要的是知道路在何方；而一个人要知道自己的方向，就要知道自己当下的位置，就是说对人生的方向、职业规划等问题的回答，应该先确定自己人生的坐标。人生有了坐标，我们才知道自己的位置，才能明了自己的责任和担当，也才能知道未来的方向。否则，人生就像一个在茫茫大海上航行的船，如果船长都不知道自己在哪里，也就无从知道哪里才是靠岸的方向。

在确定我们的人生坐标时，有以下几点需要注意：首先需要知道我们生活的时代，把握时代的脉搏，这是一条时间的轴；其次，要了解我们生活的国家，领会国家发展的需要，这是具体的环境；再次，还要知道自己是谁，明晰自己的弱点和优势。这三者之间的关系就是，当我们在知道自己是谁之后，还要看具体的环境提供了什么可能，我们究竟在这个环境中能够做什么事情。当人们对这三个要素有了基本的了解后，我们就大概可以确定自己人生努力的方向了。

我们首先看时代的坐标。任何人都生活在特定的时代，都不能逃脱时代的影响。俗语讲：识时务者为俊杰，实际上就是指一个人一定要懂得时代的潮流和要求。如果一个人做出了与时代潮流相背离的选择，最终的结果一定是被历史嘲弄。

在近代史上，孙中山就是一位非常有潮流意识的政治家和思想家。他在晚清末年，就敏锐地认识到民主共和是当今任何一个国家都不可回避的历史潮流，所谓的帝制国家已经是"沉舟侧畔千帆过，病树前头万木春"。于是，孙中山倾其一生，都是在为了实现国家的民主共和而努力，他曾经有十六个字形容自己：吾志所向，一往直前；愈挫愈奋，百折不挠。1916年7月，宋庆龄陪同孙中山到浙江海宁观潮，当大海的潮汐奔涌而至的时候，孙中山深有感触地说了一句话：世界大势，浩浩荡荡，顺之则昌，逆之则亡。孙中山深谙此理，也用自己的实践为中华民族的共和事业奋斗终生。1925年3月，当他快要离开人世的时候，他曾经写下遗嘱："余致力国民革命凡四十年，其目的在求中国之自由平等。积四十年之经验深知欲达到此目的，必须唤起民众及联合世界上以平等待我之民族，共同奋斗！"直到今天，每每读起中山先生的遗嘱，不觉让人动容感佩。从建立民国的目标看，孙中山屡战屡败，并不能说是一个真正的成功者。但是从近代历史潮流的推动者看，孙中山不愧为民主革命的先行者。遗憾的是，孙中山事业的继任者蒋介石，在顺应时代潮流的问题上，有太多值得反省的地方，最终落败台湾。如果总结这一段历史，尽管原因多多，但如儒家所言，事有不成，反求诸己，蒋介石由于背离时代潮流，与人民期待渐行渐远，这恐怕是关键的症结所在。

当然，有的朋友也许要问，我作为普通的从业者，何必非要知道时代的潮流呢？实则不然。任何一个人都不能孤悬于潮流之外，任何行业无不受到潮流影响，一个真正的聪明人，一定是要在领悟时代潮流的基础上，确定自己人生的方向。换一句话说，任何一个人，只有将自己的定位融入历史的洪流中去，才能取得更大的成就。我们可以以几位企业家为例，来说明这个问题。比尔·盖茨，世界级的企业家，早年从哈佛大学肄业，后来成为伟大的企业家。原因何在？就是因为比尔·盖茨选择了一个与时代潮流紧密相关的行业。二战结束以后，信息产业已经成为时代和行业的潮流，谁如果在这个行业上做出革命性的创举，不仅会改变自己的命运，也会改变人类的生活面貌。后来，他发明了微软视窗操作系统，这几乎是每一个用电脑的人都需要的服务，大家想一想，当全世界无数用电脑的人都需要比尔·盖茨的产品时，赚钱早已经不是问题了。再比如阿里巴巴的马云，大家知道，随着信息时代的来临，商业的交往模式自然会呈现出多元化的局面，电子商务由于其简便和自由，成为很多人的选择。马云的聪明就在于早在20世纪90年代就看到信息潮流带给商业模式的冲击，于是立定决心从事电子商务的开发。当时，计算机技术也还远没有普及，很多人还不知道什么是网络，更无从谈起了解什么电子商务了，这恰恰体现了企业家的远见。后来马云在2005年成为年度经济人物，阿里巴巴也早已经被业界熟知。可是，在计算机网络刚刚兴起的时候，谁又会预见到一个电子商务的春天呢？马化腾、乔布斯等企业家，他们能够取得成功，无不是和信息技术的时代潮流有关。可以说，任何一个伟大的企业，一定是应运而生；任何伟大的事业，一定是满足了那个时代的需求，技术不过是为人服务而已。所以，我们的人生定位，必须建立在对时代潮流的领悟之上。当然，当今时代，人类的科技潮流是什么，消费的需求是什么，政治文明的未来是什么，等等问题，都需要更多深入的探究，本文只是提出一个思考问题的思路。

其次，我们再看看中国的现实。无论是多么枝繁叶茂的伟业，都必须扎根在现实的土地上。一个不理解中国的人，很难在中国的大地上创出一番事业。很多改革开放过程中成长起来的中国企业家，在他们创业成功之后，很多人都选择将自己的孩子送到国外读书。可是问题就来了：很多企业家的孩子在国外读了很多书，拿了博士硕士的学位，有关管理学、经济学的知识可谓学富五车，但等他们真正来到国内准备成为父辈的接班人时，忽然发现在国外学习的很多知识，一旦用在中国的时候，很多都遇到水土不服的问题。结果是很多人的条件看起来很光鲜，国外名校的文凭，海外留学的经历，可是真正在中国的大地上经营事业时，却不得不从头做起。这些企业家二代的经历启示我们，任何一项事业，一定要建立在对本国国情的了解之上。不了解国家的人，不可能成就一番大的事业。

任何人的伟业，都离不开国家现实的需要。改革开放的总设计师邓小平，总结了中国革命和建设的历史经验，经历了苏联模式的历史变迁，在改革开放的初期又考察美国和日本。邓小平的这种格局和视野，对于他推动改革开放起到了至关重要的作用。一方面，他能够领会世界的潮流，懂得中国的方向是开放、民主、公正和富强；另一方面，他深谙中国的国情和人民的需求，以把土地分给农民耕种为突破点，循序渐进，既积极又稳妥地推动中国的改革，激发人民的斗志，满足人民改变生活的愿望，开启了生机勃勃的新局面。再比如前几年声名鹊起的一些讲授中国历史传统的文化名人，他们之所以有这样的历史机会，折射了中国社会对于传承优秀中华文化的诉求。改革开放以来，中国社会飞速发展，但是随着经济层面的进步，文化建设的滞后也日渐凸显。可以说，经历了三十多年的改革开放之后，在某种程度上中国正处于一个需要文化而缺少文化的时代。而且中国如果真正成为世界的大国，一定要振兴自身的文化，一个不能给人类文明提供价值和思想的民族，永远没有成为真正大国的希望。正是基于这样的现实和焦虑，很多国人开始重视中国自身文化的价值，开始把弘扬中华文化视为自己的自觉。这些中华文化的传播者与推广者恰逢这样的文化环境，再加上自己流利漂亮的表达，很快脱颖而出。无论文化名人们对中国文化的理解如何，不可否认的是，他们对中国文化的推广起到了推动作用。

可是在现实中，很多年轻人在思考人生的方向时，不知道如何将个人的追求与国家的需要结合起来。我曾经遇到一个学生，他问这样一个问题：老师，我不知道自己专业的前景，心里很苦闷。我问他，你学什么？他说是船舶设计。我听后问他：中国的海军的软肋在哪里？他想一想说：我们缺少成熟的航母技术。我说这不就是你的方向吗？如果你能以自己的专业技能为振兴中国的国防做一番事业，何必担心自己的未来？孔子说，不患立，患所以立。孔子的意思是，一个人不要担心自己有没有位置和前途，而是要问自己有没有能力做成一番事业从而得到社会的承认。所以，一个有智慧的人不要忧患自己的未来和前景，而是扪心自问：我有能力为社会进步做一点事情吗？这才是问题的关键。还有一次，我去一个农业大学做讲座，有一些学生觉得自己的专业是农业学科，没有前景，被人看不起。我听后觉得有点不理解：中国作为农业大国，竟然让一些年轻人觉得考上农业大学不好意思，这是很不正常的事情。我告诉他们：中国不仅现在是农业大国，而且永远是农业大国，民以食为天，对农业科学的需求，永远有热度。关键是自己是否真正盯着人们的需求，真正把改善农民兄弟的生活视为自己的职责所在，真心实意地为推动中国农业的发展作贡献。为什么这样说呢？中国的近十四亿人，不可能依靠粮食进口解决生存问题。可以说中国的农业状况关系到中华民族的生死存亡，发展农业是中华民族永远的国家战略，我们永远不可能指靠别人养活我们，只有依靠自己的能力。因此，农业学科的学生一定要珍惜自己的专业，力求在推动农业发展的广阔舞台上实现自己的价值。袁隆平、李振声等科学家，都是在为中国农业发展的过程中，实现了自我的价值。所以，每一个生活在中国热土上的国人，都应该倾听中国的声音，领会中国社会发展的脉动，踏踏实实以自己的努力为中国社会的进步做一点事。

一个人的准确定位，既需要知道自己是谁，有自知之明，还要知道我们生活的时代，清楚这个时代给我们提供了什么机遇，我们又能够在这个环境里做什么。一个人只有知道了自己的处境，才有可能确定自己的方向和定位。因此，任何一个希望在中国成就一番事业的人，都应该多了解我们这个国家，了解我们的基本国情，然后在这个基础上结合自己的实际准确定位。任何一个人，如果不能将自己的理想与国家的实际需要结合起来，就很难做成一番事业，钱学森、邓稼先等大科学家的丰功伟业，无一不是将自己人生的根扎在中国现实的土壤里，从而让自己的人生之树开出绚丽的花朵。

关于如何认识自己，在这里先不做更多的分析，只想告诉朋友们，任何一个人都有自己的软肋，都有自己的优长，都有自己心灵深处真正喜欢的东西。老子曾言知人者智，自知者明，正因为认识自己太不容易，所以人们才说人贵有自知之明。由此可见，认识自己是一件很不容易的事情。一个人一定要知道自己的长处和弱点，一定要知道自己适合做什么，知道自己真正想要的是什么。只有这样才能清楚自己的定位，才能集中心智做自己最该做的事情。一个人不要在诸多的诱惑面前迷失自己，不要在功利和浮躁的风气中，失去人生该有的坚持和抉择。人生，只有活出自己，才会有持久一生的动力，才会有激荡心灵深处的快乐和欣慰。否则，一味追逐所谓的热门，或者是盲目顺从别人建议的时候失去了自己的坚持，结果都会在患得患失中失去时间和机会。任何一个人，都应该明白一个道理：人生都是自己为自己负责，任何人给自己的建议，我们虽然要懂得尊重，但只是仅供参考而已，真正的选择还是要自己做决定。

希望每一个人都能够确定自己的坐标，找出人生的航向，然后以勤奋为桨，扬帆启航！

做一个"成功者"

成功是无数人期待的字眼,很多人都想获得成功,都希望有好的发展,可究竟怎么样才能成功呢?一个人怎么样才能有更好的发展呢?这是困扰无数人的现实问题。

我曾经读过一个佛经的故事:有一个人拜见释迦牟尼,求问如何才能获得不生不灭的永恒智慧。释迦牟尼告诉他:一滴水如何才能得到永恒?这个人听后一脸的疑惑,不知如何回答。释迦牟尼告诉他:融入大海!只有融入大海,一滴水才获得永恒的存在。我当时读后顿觉震撼,很多人在强调自己存在的时候,恰恰是将自己这一滴水脱离开大海,结果这滴水会迅速枯萎,自生自灭。雷锋曾经有一句话:一个人的生命是有限的,可是为人民服务却是无限的,我要将有限的生命融入到无限的为人民服务中去。很多人都会背诵这句话,可是谁又能理解这句话蕴涵的智慧呢?一个人的生命不就像一滴水吗?只有将自己的这一滴水融入到服务人民的大海中,生命才将获得永生!雷锋这样想,也这样去做,历史也永远记住了这样一个普通的战士,他不仅属于中国,也得到世界很多国家的尊重。由此可见,一个人生命的真正价值,不是只顾及自己的小利益、小得失、小算计,不在于自娱自乐、自我欣赏,而恰恰是融入大众、服务大众的过程中,成就自己的人生!佛陀的话,对于我们如何理解成功具有极大的启发。

对于什么才是成功,怎么样才能拥有成功,不同的人有不同的标准,会有形形色色的答案。如果我们拨开蒙在成功人士之上的迷雾,会发现所谓的成功和好的发展，无非是将个人的生命融入到为社会服务的过程中去，并在这个过程中给社会、他人创造利益和价值并成为更多人需要的人。一个人正是在服务社会的过程中，既给别人创造了价值，同时也给自己带来利益，这就是自利利他的精神。也就是说，越多的人需要你，你就会越成功；反之，如果一个人成了孤家寡人，甚至成为社会多余的人，不仅不能给社会带来正能量，而且会伤害社会和他人，这种人就无从谈起生命的价值和意义。

当前，很多人理解的成功，都是从自己的角度，都是从自己发展得多么好，自己多么有地位、多么有钱的角度来理解成功。实际上，这是对成功的错解。当人们看到一个人拥有众多让人羡慕的光环时，应该追问这些人为什么能够取得这些成就？这才是一个人成功的秘密。所谓一个人的地位、荣誉、收入等外在的东西，其实只是一个"果"，而这个"果"背后真正的原因则是看一个人以自己的智慧、人格、能力给社会和他人做了什么样的贡献。而所谓的地位、名利等，无非是一个人给社会和他人做事情做到一定程度自然而然的结果。比如，当比尔·盖茨能够以自己的发明创造给每一个用电脑的人带来方便的时候，他自然会成为世界顶级的财富拥有者。乔布斯以自己的智慧和创造给很多喜欢手机的人带来方便的时候，他自然也会名利双收。袁隆平，以自己的智慧和奉献，给千千万万的农民兄弟带来利益的时候，自己也自然而然地成为科学家，并且是国家最高科学奖的获得者。马云，以自己的智慧和创意给无数希望创业的年轻人提供平台的时候，他也无可争议地成为当今中国最著名的企业家之一。女排的主将郎平为国争光的时候，自己也脱颖而出。诸如此类的例子，比比皆是。其中给我们的启迪就是：一个人只有成全别人，才能成全自己；一个人只有为更多的人服务，才能实现自我。而且，一个人只有被更多的人需要，为更多的人服务，才能有更大的发展。在如何看待成功的问题上，成功者的光环是"果"，给社会服务、利益他人是"因"。人们在渴望得到"果"的时候，应该从"因"这里努力，勤勤恳恳给社会服务，当一个人踏踏实实利益他人的时候，所谓的成功光环，不过是水到渠成。

反之，如果一个人只是盯着自己的位置、利益，就只能是一个自私的人、没有格局的人。一个眼里只有自己的人，不会得到社会的认可，也不会得到朋友的信任，也不能得到别人真诚的尊重，自然不可能有更大的发展。因此，当我们希望自己生活好的时候，我们不仅要扪心自问：我们给别人、给社会做了什么贡献？我们有什么资格、凭什么过得好？当一个人没有给别人、给社会创造财富的时候，根本不可能得到自己希望的东西。如果我们进一步追问，如何才能更好地找到服务社会与实现自我人生价值的方向呢？答案就是发现自己的优长。

一个人只有找到自己的专长，才能更好地服务社会并得到社会的认可。现实中，每一个人都有相对于别人比较而言的专长，比如，有的人作画比较有天赋，有的人演讲有天赋，有的人喜欢钻研技术，有的人则是喜欢思考问题，不一而足。那么，我们怎样正确地看待所谓的个人专长？实际上，个人专长不过是上天提供了一个我们给人民做事和为社会服务的手段。比如，鲁迅先生，一个非常有思想的人，著名画家吴冠中曾经多次说：鲁迅是吴先生精神上的父亲。鲁迅对中国历史和未来的思考，直到今天，近代的思想史上都很少有人超过他。这种深刻的洞察能力是鲁迅先生的专长。早年，鲁迅先生曾经到日本的仙台学医，但经历了一系列的事件后，认为一个思想上愚昧的民族，无论是体格多么健壮，也不过是一个麻木的看客和其他民族的玩物，于是他决定弃医从文。正是这样的一个决定，中国医学界少了一个普通的医生，文化界出了一个不世出的文学家、思想家。鲁迅先生的选择，很好地体现了鲁迅的专长。作为文学家的鲁迅先生，以自己的专长写了大量的文学作品，对人性、对中国的历史和文化，对中国的未来等问题，都表达了自己的思考和忧虑，可谓振聋发聩。鲁迅先生正是以深刻的思考为中国的社会进步贡献了自己的智慧，这也成就了鲁迅一个真正思想家的地位。

我还看到一则报道，早在20世纪90年代，有一个人考取了武汉的一个著名的工科大学；但是，他很喜欢从事农业的研究，于是转学到了华中农业大学。很多人以为这是一个不聪明的决定。但是在这个学生毕业之后，主动到了山区承包了几百亩半坡地，发挥自己的专业优势，进行桃树的养护和种植。结果，自己所学正好发挥作用，现在已经建立了公司加农户的经营模式，他提供技术和管理，农民在他的指导下种植桃树，各有收获，他已经成为当地著名的企业家。他自己的生活自然不成问题，而且也给许许多多的农民兄弟提供了就业机会，形成了一个共赢的局面。所以，大家要正确地看待自己的专长，善于发现自己的专长，并自觉地利用自己的专长服务社会，实现自己的人生价值。很简单的道理，所谓的专长，就是在这一方面你可以比别人做得好，否则就不是自己的专长。一个人选择了自己的专长，就可以更好地给社会做事，可以给社会做更多的事，也正是在这个过程中，自利利他，服务社会，实现自身价值。

当然，任何一个真正的英雄，都不是单枪匹马，都是能够集中大家的智慧，带领志同道合的人共同奋斗。纵览历史，我们会发现，很多大人物就像一个磁场的中心，无数的豪杰英雄都集中到磁场身边，在大人物的指挥下完成一番事业；孤家寡人从来就不会取得伟大功业。我们不禁要问：这个磁场的中心是什么？就是智慧和人格！人格的魅力就是一个人绝不是只为了自己着想，而是为了更多人的利益打拼；智慧的力量就是无论面临多少困难，都能披荆斩棘；有了这两个基石，就会有更多的人被吸引在大人物的身边，去完成时代赋予的使命。如果我们再用更简单的话概括这个磁场，就是带着成全更多人的愿望去做事情。有了这个胸怀，使得每一个人都能在这里找到各自的希望和平台，因而也能够集聚更多人走进磁场。所以，一个人追问成功的秘密时，不妨扪心自问：我是在为了谁努力？我的格局和智慧，值得更多的人帮助我吗？只有真正替别人着想，才能得到别人的成全！

简而言之，每一个人都希望追求成功，但一定要明白一个道理：人只有在服务社会和服务他人的过程中才能得到社会和他人的承认。一个人有多成功，就在于以自己的智慧和奉献给社会做多少事，能够满足多少人的需要。由此，我们就可以理解，身无分文心忧天下的毛泽东、为中华之崛起而读书的周恩来为什么成为领袖，为什么士不可不弘毅的孔子成为圣人，那些把"小我"放下，自觉地将自己的生命融入到民族、国家、社会发展的潮流之中、并自觉地为推进人类文明进步而贡献的人，当然会被社会铭记。当然，人无完人，但我们至少能够以自己的努力尽可能给社会、人民做事，都能收获各自的成功。

成全别人，就是成全自己

我看到一则这样的统计：在大学宿舍中，百分之四十左右的人，感觉不到快乐；百分之三十左右的人，不喜欢宿舍的环境。我不确定这个调查数据是否属实，但确实反映了当今人际关系紧张的现状。看到这个消息后，我觉得如何处理好人际关系不仅是大学，也是人生的必修课。试想：大学四年，应该是一个人成长中最灿烂的青春年华，是一个人学习、读书、成长和积累人脉的一个好机会，如果同学关系处理得不好，这个大学怎么过得充实、快乐和有意义呢？更有甚者，这几年由于大学生宿舍关系紧张而引起的暴力事件时有发生，这更需要引起我们的关注了。人生活在社会关系之中，如何处理好人际关系是人类面临的永恒问题。在某种程度上，一个人如果不懂得如何与人合作，不仅很难做成一番事业，而且还会由于人际的冲突带来无尽的烦恼和心灵折磨。前一段时间，在看网友关于宿舍关系的评价时，有一个网友这样留言：想当初，年轻气盛，同学之间难免会有冲动和冲突，看到现在一系列发生在宿舍中的恶性暴力事件，真是应该感谢舍友的不杀之恩。这看似戏谑的背后，却有很多东西值得我们深思。因此，如何正确看待人与人的关系，如何处理好人与人的关系，成为今天我们都必须面对的一个现实问题。

在处理人与人的关系时，西方社会有一个流行语，称之为"零和游戏"。这种观点认为，这个世界的资源有限，一个人得到的利益，一定是对另一个人利益的剥夺。最终一个人的成功是建立在对别人的占有之上，而社会的总资源和总机会并没有增加。对于"零和游戏",也可以用中国的另外一个词语形容:"你死我活",或者称之为"鱼死网破"。事实果然如此吗?如果现实果真如此,我们就没有理由指责自私;如果这是错误的认识,我们更应该把真相说出来,以正视听。

这个世界上物与物的关系,人与世界的关系,人与人的关系,并不是所谓的"零和游戏",更不是"你死我活",这是非常狭隘和错误的观念,不仅严重背离了世界的真实,还会引发很多冲突。更严重的是,在引发很多冲突的时候,这种错误的理论还赋予了冲突的合法性和正当性:既然这个世界的本来状态就是"你死我活",那么,为了我活得好,必须对别人进行征服和掠夺,这就是西方社会流行的"丛林法则"。在这种错误理论的指导下,一个民族征服和掠夺其他民族,不但不负道义上的责任,而且还会振振有词:弱者就应该被欺负!这是非常可怕的一种荒谬学说,必须予以纠正。而且,一个人的认知和价值观如果是错误的,就会引发错误的行为。可以说,价值观的扭曲,势必会带来行为的扭曲。2013年春天,复旦大学的一个研究生,竟然被同学下毒药死,不管其中的原因如何,价值观的扭曲无疑是重要原因。因此,我们一定要树立正确的认知方式和价值立场。

宇宙万物,到底是一种什么样的关系?中国的典籍早已经做出了很好的概括——道并行不悖,万物并育而不相害。(《中庸》)也就是说,宇宙万物的关系,不是你死我活的恶性竞争,而是彼此相育和滋生的关系。一个事物是另一个事物存在的条件,各个事物之间相互支持、相互作用,形成一个密切联系的整体;世界各事物之间,一损俱损,一荣俱荣。对于一个事物而言,他者的存在不仅不是这个事物的障碍,相反,还是这个事物之所以存在的理由。比如,在一个沙漠地带,偶尔也会出现一个绿叶植物,很多小动物也会借助这个植物生存和繁殖。在这个小生物链中,植物给小生命提供生存的场地,同时,小生物的粪便等,也为植物的成长提供了营养,这就是他们之间的相互滋生关系。再比如国家与国家的关系,很多人以为国家之间的关系是"你死我活",这又是大错特错。在全球化时代,国与国的关系，是一损俱损，一荣俱荣。比如中美、中日等国家，往往是对方发展得好，也会给自己提供更多的机会；反之，如果一个国家侵略其他国家，也一定会最终伤害自己。日本在20世纪发动侵略世界的战争，企图将自己的幸福建立在对其他国家的掠夺和占领上，最终导致自己现代化的成果毁于一旦。日本的军国主义者，搬起石头砸了自己的脚；从害人开始，最终害己。人与人之间更是如此，朋友们发展好了，对自己只有好处。举一个例子：如果一个学校的宿舍有六个人，其中五个同学都成了企业家，那么，剩下的这个同学会有多少机会？反之，如果我们的同学和朋友都穷困潦倒，那么，当我们真正需要人帮助的时候，谁来帮助？因此，这个世界，别人好，自己才好；而不是别人都不好，自己才好。比如，有的人喜欢给别人添堵，结果呢？自己心情也不愉快，甚至可能引发激烈的冲突，导致不可控的结果。反过来，如果一个人能够善待别人，与人友善，尽可能成全别人，最终也会因为这种对别人的善意而让自己受益。这就是"敬人者人恒敬之"的道理。

在宇宙万物的关系中，即便是看似严重冲突的双方，也是密切关联的。比如，狮子和羚羊。看似二者是"你死我活"的关系，其实并不然。狮子的存在，使得羚羊不断地进化，不断地提升生存能力，最终使得羚羊群体生机勃勃。反之，如果羚羊没有了对手，最终会引发群体的灾难。澳大利亚的兔子就因为缺少天敌而导致严重泛滥，最终由于数量过于膨胀而走向自我毁灭。所以，大家在看待世界的时候，一定要领会万物之间的依存关系、滋生关系，而不要只看到冲突和争夺。一个人只有真正明白了这种相育和滋生的关系，才能懂得成全别人就是成全自己的道理。这种认知不仅对个人的成长有利，也有助于社会的和谐和人与自然的和谐。人与自然绝不是征服的关系，相反，爱护自然就是爱护人类自己；对于朋友，帮助朋友，就是帮助自己；对于社会，奉献社会，最终自己受益等，无不是这种关系。

有一个企业负责人问我：请问如何才能成为一个好的管理者和企业

家？我告诉他：很简单。你作为企业的负责人，一定要让客户满意，提供高质量的产品和服务，真诚地对待每一个客户，并尽可能对每一个客户负责，这是企业的天职。还要对你的员工负责，通过好的制度建设和激励机制，让每一个员工看到希望，心情舒畅地工作，并能感受到公平正义。同时，你作为分公司的领导，不仅对你负责的企业长久发展负责，还要对总公司负责，正确执行领导的意图，让领导放心和满意。最后他问我：没有了？我说没有了。他又问：我呢？我告诉他：当客户满意，员工满意，领导满意的时候，你的目的就实现了。他非常聪明，告诉我：我懂了。一个真正有智慧的人，心中就懂得真正尊重别人，当别人都好的时候，自己就好了。在家庭里，父母高兴，妻子高兴，孩子高兴，自己就好了；在单位里，领导高兴，同事高兴，客户高兴，自己就好了；在朋友中，朋友们满意，自己就好了。对于国家领导人而言，当每一个公民都满意和幸福的时候，领导人就好了。所以，成全别人，就是成全自己。《老子》也说：圣人无常心，以百姓之心为心。这句话意思是，一个真正的圣人，并没有自己的利益诉求，而是一切以人们的愿望为自己的愿望。这是实实在在的大智慧。试想：如果一个领导人，处处想着自己，处处与民争利，最终导致民怨沸腾，人民苦不堪言，最终引发社会动乱，当曾经的荣耀一去不复返，甚至走上断头台的时候，是否会懂得"成全别人就是成全自己"的道理呢？孔子曾言：己欲立而立人，己欲达而达人，诚哉斯言！

　　曾经有一个饱经风霜的创业者和我聊天，谈及他的过去种种，可谓无尽的感叹。话毕希望我送他几句话，我很坦白地告诉他：你和商业伙伴为了利益争来争去，最终彼此心力交瘁，都受到不同程度的伤害。今后应该吸取教训，任何时候与人合作，都要有共赢的思维，大家好，才是真的好，不要仅仅考虑自己的利益，一定也要充分考虑别人的利益。有的时候，失去恰恰就是得到；反之，有些时候，看似自己得到了，却恰恰是失去了。一个尊重别人利益的人，最终也能得到自己的利益；反之，一个处处希望自己独吞利益的人，最终害人害己。成全别人，就是成全自己！

但行好事，莫问前程

我们生活在一个非常复杂的世界，各种社会关系盘根错节，各种利益关系犬牙交错，在下判断和做事情的时候，往往要考虑各种情况，最终恐怕还不能尽如人意。面对世事的复杂，我们应该有什么样的心态来面对呢？"但行好事，莫问前程"，就是值得我们学习的一种人生态度。

但行好事，就是做事要带着与人和善的心，为社会提供正能量，做任何一件事，尽可能有助于社会和他人，也有助于自身的成长和发展，这样的行为就是行好事。判断一个行为的善与恶，固然有很多标准；但最重要的一条就是看是否真正对别人有益。莫问前程，就是只管把自己该做的做好，如《论语》所讲的"君子务本"。一个人把自己该做的做好了，究竟事情的结果是否如自己所期待的，那已经不重要。这个过程中不要带着非常功利的心情，而是在做好自己的同时，能够尽可能放下对功利的追求，真正做到随缘就好，尽心就好，安住于当下。

但行好事，莫问前程，初看起来，仿佛很平常，实际上包含着人生的大智慧。尤其是今天的社会，社会风气浮躁，很多人急功近利，付出一点的努力，就希望得到加倍的回报，结果当付出一点辛苦之后，事情如果没有如自己所愿，就怨天尤人，自暴自弃，甚至剑走偏锋，走上背离法律和道德的歧路上去。越是在浮躁之风吹拂之下而利令智昏的社会环境里，我们越应该领会"但行好事，莫问前程"的深意。

曾经有人问我：为什么但行好事的时候，还要"莫问前程"呢？其实这其中包含着深刻的对人伦与社会的洞察。我们在做任何一件事情的时候，能否达到自己期待的目标，都受制于方方面面的因素。其中很多因素，并非我们自己可以操控。比如，一个地方的领导干部或者部门领导，满心希望通过自己的努力改变单位的面貌，真心希望为官一任造福一方。但实际上，一个好的领导无论多么希望干成一番事业，事情的结果绝不是以哪一个人的意志为转移的。美好理想的实现，除了领导的个人因素之外，还包括是否有好的大环境，领导和同事是否支持，下属是否能够真正领会和贯彻自己的意图，老百姓是否真正理解等。孔子曾经有一句话：取法乎上，得乎中；取法乎中，得乎下。这句话意思是一个人带着美好的愿望做事，但在现实中真正能实现一部分愿望就很不容易了。这样说并不是自我安慰，而是对现实的尊重，历史上这样的例子比比皆是。王安石，一个真正的大政治家，力图通过变法改变大宋的颓势，最终也是壮志未酬；苏轼，一个德才兼备的政治家，结果一生颠沛流离，"问我平生功业，黄州儋州惠州"，始终没有真正报效国家的机会；近代的李鸿章，尽管有各种缺点，但不可否认也是希望通过自强和新政，实现富国强兵的目标，结果随着北洋海军的全军覆没，兴国之梦也是一江春水向东流；康有为、谭嗣同、梁启超等知识分子，心忧天下，在内忧外患的压迫下，希望变法维新，结果菜市口斩下六颗人头，饮恨落幕；等等事例多不胜举。即便是孔子，带着立人伦振纲常的大仁大义，结果也只能是周游列国，知其不可而为之。由此可见，不要说每一个普通人，就是历史上大名鼎鼎的历史人物，也不可能左右客观态势，也只能是但行好事，莫问前程；只管自己尽心尽力，事情的结果怎么样，并非由自己的主观愿望所决定。

因此，我们懂得了这个道理，就会很宽容清醒地看待人生的现实和理想：做人，一定有所担当和使命，一定有自己的理想和责任。人之所以异于动物，就在于人有觉悟、有道义、有使命和担当。只有做一个大写的人，才能不辜负一生，不管自己多平凡，总是要胸怀理想，力争对自己的人生做一个交代。但是，现实生活中有太多自己不能决定的因素，我们必须抱着很清醒和理智的态度。一个人只能是自己尽心尽力，至于事情的结果，只能是尽人事，听天命，这就是但行好事，莫问前程。

但行好事，莫问前程，并不是说一个人只管做自己的事，对其他不管不顾；而是说，首先要做正确的事，对社会、他人、个人都有利的事；然后才是在做事的时候，能够理解事情的复杂关系，能够在自己做好的时候，对事情的结果有一份宽容和达观。关于什么是值得学习的人生态度，朱光潜先生曾经有一个经典的表述：以出世的精神，做入世的事业。朱先生的这个概括，原来是用于形容近代大德弘一大师的。弘一大师，俗名李叔同，1880年生于天津富商之家，是中国传统文化与佛教文化相结合的优秀代表，是中国近现代佛教史上杰出的一位高僧，又是国际上声誉甚高的知名人士。早年作为一个大家庭的公子哥，一掷千金，去日本留学，醉心于艺术，在话剧、音乐、书法、美术等方面，都有超出常人的成就。大家所熟知的《送别》，就是源自他的创作：

长亭外，古道边，芳草碧连天。晚风拂柳笛声残，夕阳山外山。天之涯，地之角，知交半零落。一斛浊酒尽余欢，今宵别梦寒。

长亭外，古道边，芳草碧连天。问君此去几时来，来时莫徘徊。天之涯，地之角，知交半零落。人生难得是欢聚，唯有别离多。

后来，李叔同忧国之心，屡遭挫败，望家国河山，风雨飘零，于是决心超越尘世的是是非非，在39岁这一年到杭州虎跑寺出家，法名弘一。在选择修行的道路上，他选择律宗作为自己的法门，一门深入，成为近代最著名的大德高僧之一，对中华文化的传播影响甚巨。大家需要注意的是，律宗作为中华佛教的一个宗派，强调言行举止，皆符合戒律的要求，一举一动，可谓戒律森严。李叔同从一个红尘中游走的艺术家，一下子成为戒律森严的大德高僧，让人震撼不已。这其中说放下就放下的大智大勇，非常人所能及也。出家后，弘一严守戒律，成为中国佛教的一面旗帜，虽是出家人的身份，看破万丈红尘，但真正行持和修行的过程中，弘一大师行别人所不能行、忍别人所不能忍，无论是为了弘扬佛教，还是为了传承文化，都可为人天师表。弘一大师一生修持佛教，知行合一，恢复了中断几百年的律宗，可谓少有的一代宗师。弘一大师看破红尘的迷雾，却成就了出世的大智，践行"佛法在人间，不离世间觉"的教诲，一生行持，一生坚持为众生做事。在抗日战争期间，他倡导念佛不忘救国，对中国文化的弘扬、佛法的传承、社会的慈善，弘一大师都功莫大焉。但是，皈依之后的弘一大师，已经不是原来的李叔同，早已经把滚滚红尘放下，所以同时代的朱光潜将其赞誉为"以出世的精神，做入世的事业"。这种精神和"但行好事，莫问前程"具有共通之处。出世的精神，就是把所谓的名利荣誉等外在的追求放下，带着无所求的心境，只是尽自己的责任和使命。但在真正做事情的时候，尽管不是为了单纯追求自己的利益在做事，却能够一往无前，勤勤恳恳，绝对踏踏实实，无怨无悔，这就是做入世事业的态度。我们作为普通人，很难真正像弘一大师那样放下万缘，但至少我们应该向他学习，对自己的小利益看淡一些；但在承担使命的时候，要力争做到尽心尽力。因为，但行好事取决于自己，取决于自己认真不认真，踏实不踏实；但究竟前程如何则取决于很多因素，必须认识到事情的结局不可能完全按照自己的设想展开；因此，但行好事，莫问前程，不仅是人生的境界，更是人生的智慧。

当前，很多年轻人都带着过于功利、急躁的态度生活，总希望事情朝着自己希望的方向发展。一旦事情的进展不是如自己所期望，马上怨天尤人，意志消沉，自暴自弃。但实际上，世事纷纭，变化万千，很多事情的进展不会完全如自己所料，正因为如此，我们首要的是把自己的事情做好，把自己的责任尽到，不怨天，不尤人；至于结果如何，那取决于各种条件，尽人事，听天命，"功成不必在我"。一句话：但行好事，莫问前程，水到才能渠成。有了这样的觉悟和心境，自然会诚恳待人，本分做事，勤勉认真，尽心尽力，淡定从容。

选择没有完美，切莫患得患失

常有朋友向我咨询人生的选择问题。在天津，有一个学生，他大学读的是社会学专业，但是他却对英语很有兴趣。在报考研究生继续深造的时候，出现了如何选择专业的痛苦：如果选择社会学专业，虽然相对熟悉，但心里并不喜欢这种专业；如果选择英语专业，虽然很喜欢，但基础有点薄弱。究竟何去何从？他也没有一个好的主张。

实际上，任何一个人的人生都会遇到类似于这种患得患失的困境。有的时候，不只是两难的选择，甚至是多难的选择。面对几个机会的时候，如何取舍，如何下决心作出选择，考验着一个人的智慧和决断。当我听到天津那个同学的电话时，我告诉他：这个问题没有标准答案，如果说有，就在你那里。任何一个选择，都有他的优势和劣势，都会面临得与失。那么，你应该怎么办？世上没有双全法，并没有任何完美的办法。你就要问自己：你真正需要的是什么？在做出一个选择的时候，是否想清楚后果是什么？是否准备好了为自己的选择承担责任？比如，你选择了社会学专业，优势是考上的可能性大，缺憾在于你心里不那么快乐；你如果选择英语专业，心里会快乐，但是你由于基础薄弱，考上的可能性会相对小一些。你选择什么，谁都不能给你答案，只能你自己选择；选择的时候必须清楚每一个选择的利和弊，一旦选择，就必须为自己的选择负责！这就是人生。

放眼开来，人的一生会面临很多两难甚至多难选择。如何取舍和决定，也确实让人煞费苦心。这个世界，没有一个选择可以满足我们所有的愿望，任何一个选择都有它的优势，也有它的遗憾。我们不妨举一个现实的例子，来看一个人应该如何面对自己的选择。

钱学森（1911～2009年），世界著名科学家，空气动力学家，中国载人航天奠基人，中国科学院及中国工程院院士，中国"两弹一星"功勋奖章获得者，被誉为"中国航天之父""中国导弹之父""中国自动化控制之父"和"火箭之王"。曾有人这样估算，由于钱学森回国效力，中国导弹、原子弹的发射进程向前推进了至少20年。

在交通大学毕业之后，1935年9月钱学森进入美国麻省理工学院航空系学习，1936年9月获麻省理工学院航空工程硕士学位，后转入加州理工学院航空系学习，成为世界著名的大科学家冯·卡门（Theodore von Kármán）的学生，并很快成为冯·卡门最重视的学生。他先后获航空工程硕士学位和航空、数学博士学位。1938年7月至1955年8月，钱学森在美国从事空气动力学、固体力学和火箭、导弹等领域研究，并与导师共同完成高速空气动力学问题研究课题和建立"卡门—钱学森"公式，在二十八岁时就成为世界知名的空气动力学家。

1949年当中华人民共和国宣告诞生的消息传到美国后，钱学森和夫人蒋英便商量着早日赶回祖国，为自己的国家效力。此时的美国，以麦卡锡为首对共产党人实行全面追查，并在全美国掀起了一股驱使雇员效忠美国政府的狂热。钱学森因被怀疑为共产党人和拒绝揭发朋友，被美国军事部门突然吊销了参加机密研究的证书。钱学森非常气愤，以此作为要求回国的理由。

1950年，钱学森上港口准备回国时，被美国官员拦住，并将其关进监狱，而当时美国海军次长丹尼·金布尔（Dan A. Kimball）声称：钱学森无论走到哪里，都抵得上5个师的兵力。从此，钱学森受到了美国政府迫害，同时也失去了宝贵的自由，他一个月内瘦了三十斤左右。移民局抄了他的家，在特米那岛上将他拘留14天，直到收到加州理工学院送去的1.5万美金巨额保释金后才释放了他。后来，海关又没收了他的行李，包括

800公斤书籍和笔记本。可贵的是,钱学森从来没有动摇回国的决心,后来经过中国政府的交涉,钱学森才得以回国。据钱学森回忆,当他从罗湖口岸踏上中国土地的时候,立刻泪眼朦胧,从心里深处想大呼一声:祖国母亲,我回来了!

大家看钱学森面临的机会,他完全可以留在美国,过一个上等人的优越生活。但是他选择回来,将自己的命运融入国家振兴的大潮中,从而奠定了一个伟大爱国科学家的地位。实际上确实有很多留学生没有回国,他们的生活也许比钱学森安逸,但是他们也得不到祖国和人民的爱戴和敬重,也不可能像钱先生一样对一个国家的发展起到那么大的作用!不止钱学森,任何人都有面临多种选择的时候,如何取舍,如何作出决定,考验着一个人的智慧、胸怀、担当和勇气!

因此,面对多种选择,当我们需要做出决定的时候,不要求全责备和患得患失,而要知道自己真正需要的是什么,一旦作出选择,必须承担选择的后果。不仅任何一个选择不可能完美,人生也会有很多遗憾,只能在有限的时间做有限的事情。人生就像是一本不能重新翻过的书,一旦做出选择,就必须准备好付出代价。真正有智慧的人,懂得这个道理,从来不会求全责备,所以古语云:圣人求缺,凡夫求全。圣人有智慧看待世间的不完美,所以针对不同的环境,知道自己该做什么,能做什么,对于得失利弊都能够看透,比如孔子作为"从心所欲不逾矩"的圣人,明明知道在那个环境下不可能实现自己的理想,但是那个时代却又非常需要有人出来承担推行道义的责任,于是他一肩担起,知其不可而为之。有人问我:孔子周游列国,当时诸侯王不可能听从他的建议,为什么还要勉为其难?其实,孔子何尝不知道这个事实,他虽然知道落寞一生,但中华民族需要仁义道德、礼义廉耻,所以无论多少艰难困苦,都要出来承担责任,成功不必在我,士不可不弘毅,任重而道远。

但是,普通人则不是这样,一则普通人贪心太多,总希望花好月圆,事事顺心如意;二则普通人智慧不够,看不到任何选择都有得失利弊,一个人一旦做出选择，就必须承担自己选择的责任。如同一个人吃水果，选择了葡萄，就不可能吃出苹果味；求全责备的背后，要么是贪心太多，要么是智慧不够。

在一定程度上，人生就是不断选择的过程。选择职业的时候，一个人往往有不同的机会，选择这个就要放弃那个，究竟如何决断？这就需要我们了解每一个工作的优长与弊端，了解每一个选择的得失；还要对自己的个性特长、兴趣爱好有一个了解；在这些理解的基础上才能做出一个适宜的选择。比如，我有一个学生，读大学的时候，就显示了喜欢思考而且有自己独特想法的优势。读研究生后，他在专业研究上有了较大的进步，但在选择职业的时候，却考取了某一个行政机关的工作。这个机关强调日常的管理，看重一个人是否能够正确地领会领导的意图并有效地贯彻和执行。在这样的环境之下，他所具有的优势并不能得到很好的发挥。他曾经告诉我：在这样的环境中，不是说工作不能做，而是工作的时候感到压抑，自己很多独特的想法也不能得到尊重和体现。在平时的工作中，经常发生自己的独特看法与行政机关要求服从的特点产生些许的矛盾，结果是领导对他也逐渐感觉不满意。由此，我们可以看出，工作不能用简单的好与坏形容，不同的岗位有不同的要求，而关键是能否发挥自己的优长，能否有自己发挥作用的平台。

对于爱情，也是如此。面对感情，人一生会有很多错过、诱惑和决策。究竟一个人选择谁？我们不能期待一个女孩、男孩拥有所有的优点；相反，一个人有这方面的优点，往往存在那一方面的不足。比如，有的女孩家庭条件好，但是性格上也许很难做到谦卑和宽容；有的女孩漂亮可爱，但是在处理男女关系上也许就会多有烦恼；有的女孩厚道诚恳，可能打扮就不太入时，不一而足。因此，面对选择，你要知道自己需要的是什么，一旦选择，又会失去什么；选择了就要承担责任。否则，对别人求全责备，最终缘分会成冤家。更何况，自己也会有很多缺点和不足，怎么可以对别人求全责备呢？

选择没有完美，人生无论面对多少选择，我们一定要清楚：谁也不可能把握人生所有的机会，不要妄想一个选择可以满足自己所有的需要，切莫患得患失，切莫得陇望蜀，求全责备。在众多选择之中，只有知道"我是谁""我要做的是什么"，每一个选择的得失是什么，才能"不畏浮云遮望眼"，作出符合自己实际的选择。做人不仅要善于在多种机会中做出选择，还要敢于为自己的选择承担责任。一个不能为自己的选择承担责任的人，患得患失的人，永远不会有成就。如此，尽管人生不完美，但也可以尽可能减少遗憾，成就一个有意义和价值的人生。

如何知道"我是谁"
——做一个有使命的人

今天的很多人，处在浑浑噩噩的状态，缺少对自己的认识，不知道自己的优势和弱点，无法确定自己的方向。于是很多人的心灵，困顿于患得患失的纠结与何去何从的挣扎，迷失于毫无方向的困惑中，沉陷于自我反省之后带来的痛苦和自责。导致这种状态的一个重要原因就是不知道自己是谁，更不知道自己应该干什么。一个不知道自己是谁的人，自然会无所事事，没有方向，在面对人生的起伏时，要么是悲观沉沦，要么是忘乎所以，无法做到淡定从容。一个不知道自己是谁的人，自然也就不知道自己该做什么。不知道自己的担当和使命，就会碌碌无为、随波逐流，生命也会陷入深深的"无意义感"中。一些人之所以采取极端的方式结束生命，从一定意义上说，是缘于对困惑的无解，对生命无意义的逃避。一个真正知道了自己是谁的人，无论是显达也好，贫穷也好，总能够做到平和淡定，正因为自己知道自己是谁，无论多高的位置，都会有自知之明；正因为自己知道自己是谁，无论是多么贫贱的生活，都会懂得专注和努力，不怨天不尤人。如果我们观察今天社会上存在的诸多浮躁的风气，就会发现很多都与不知道"我是谁"与"我该做什么"有关。但问题是，我们怎么知道"我是谁"呢？我们又怎么知道"自己该做什么"呢？

想知道"我是谁"，有两个思考的角度。其中之一是就人的天性而言，每一个人都有与众不同的秉性，都有自己的特点、优长和不足。一个人的定位，应该在充分了解自己秉性的基础上做出选择和决定。大家看社会和历史就可以知道，任何一个人如果违背了自己的秉性，很难有大的成就；反之，一个人的选择符合自己的秉性，那么就会如鱼得水，游刃有余。近代的学者季羡林、钱钟书就是我们可以思考的例子。他们当时报考大学时，数学成绩很差，根据季羡林先生回忆，他考大学时的数学成绩只有十多分，但是大家谁也不能否认季先生、钱先生对人文学科有着发自心灵深处的兴趣和明显的长处，因此数学成绩固然很差，但并没有淹没大文学家钱钟书、大学问家季羡林的成就。诺贝尔奖获得者杨振宁也曾经回忆他的专业选择，当他从西南联大毕业后，申请进入美国普林斯顿高等研究院做博士研究。开始的时候，他选择的是实验物理学的方向。结果，在做实验的时候，各种状况频出，要么是试剂搞错，要么是不小心打碎了实验器皿，有一次甚至引发了一场小火灾。这个时候，有系领导找他谈话，告诉他实验室的物品非常昂贵，一定注意爱护。据杨振宁自己回忆，当时在研究所流传一个笑话，只要是物理实验室出现了叮叮当当的状况，一定是杨振宁在做实验。照此情况，杨振宁不要说成为大物理学家了，就连一个完整的物理实验都很难进行。杨振宁的求学生涯遇到了很大的挑战。他经过慎重思考，发现自己确实喜欢物理学，这没有错；问题是他动手的能力太差，而真正体现杨振宁研究优势的是理论物理学。选择理论物理学作为研究方向，这就避开了杨振宁动手能力不足的弱点。由于理论物理更注重玄远的思考，注重对物理世界深刻的洞察和推理，这恰恰是杨振宁的长处所在。正是在体现自己专长的道路上，杨振宁与李政道因共同提出宇宙不守恒理论而在1957年获得了诺贝尔物理学奖。

但在现实中，一个人并不容易发现自己的天性，甚至很多人究其一生都不知道自己是谁。那么，原因何在？人的天性并非无迹可寻，而是容易发现的。当一个人做符合天性的事情，不仅心灵愉悦，而且会驾轻就熟，顺水顺风。当一个人做不符合天性的事情时，不仅心灵苦闷，而且捉襟见肘，顾此失彼。所以，一个人如果希望发现自己的天性，不是东求西问，而是沉静下来倾听心灵的声音，追问自己的内心究竟喜欢什么。一个人内心的感受，就是天性最本真的体现。比如，有的人喜欢艺术，一旦从事艺术的创作，就会带来心灵无比的畅快和喜悦；但是如果这个人放弃对艺术的钻研而非要从事数学研究，不仅内心痛苦，最终也恐怕一事无成。在现实生活中，人们之所以很难倾听心灵的声音，不能遵循内心真实的感受，多半是因为社会上的杂音太多，各种功利的追求和扑面而来的各种资讯，让人不知所以，随波逐流。所以一个人要真正知道自己是谁，知道自己的天性，就要倾听内心的感受，而不要在各种杂乱的资讯面前失去真实的自己。

《中庸》上说：天之生物，必因其才而笃焉；意思是每一个人都有自己的天性和禀赋，只有做符合自身天性和禀赋的事，才能得到上天的加持和帮助。用通俗的话说，任何一个人应该知道自己的天性特点，知道自己是吃哪碗饭的人，知道自己适合干什么。老子曾说：道法自然。每一个人都有自己的自然状态，如果顺应了人的自然状态，一个人就会顺水顺风；否则，做违背自己天性的事，结果往往是事倍功半，事与愿违。

知道"我是谁"的第二点就是知道自己的身份和本职。孔子曾经有"正名"的思想，意思是每一个人都有自己的社会身份与职业定位，那么任何人都应该做符合自己的身份和职业的事情。比如，一个老师，无论是高级教师、特级教师、教学能手，或者是这个专家、那个专家，说来说去，就是一名老师而已。如果一个老师沉浸于各种各样的称号，甚至在别人赞扬的同时飘飘然，忘乎所以，忘记了自己的本职就是教书、思考和育人，这就是不知道自己是谁的表现。还有一些官员，由于权力在身，难免有人前呼后拥，结果习惯了别人的吹捧和拥戴，洋洋自得，官架十足，官僚主义严重，也是很可笑的事。其实，所谓的官员，不过是在公权力的位置上为国家、人民服务而已，直白地说就是一个给人民、给社会做点事的人。如果一个人忘掉了自己的本分，不仅容易忘乎所以，而且还会以权谋私，权钱交易，最终因为自己的不当行为伤害社会、伤害别人，最终也会让自己身陷囹圄。因此,"我是谁"的问题,就是要始终知道自己的身份,绝不因为自己的位置、条件等变化而忘掉自己的身份;一个老师,不管多少荣誉,都知道自己是个老师,以"传道、授业、解惑"为责任;一个官员,不管多高的位置,不管多少人吹捧,永远知道自己是一个为人民、为社会做事的人;一个工人,不管赢得多少称号,不管自己得到多少奖状,都不要忘记自己是一个工人,通过自己的汗水和智慧给社会创造财富。但在现实中,很多人往往产生错位的现象,往往会随着自身地位的变化而忘乎所以,而忘记了自己是谁。所以,在历史上,有一些人曾经是一个普通的人,随着地位的变化,由于忘记了自己是谁,难免刚愎自用,自以为是,飞扬跋扈,最终"身死人手而被天下笑"。所以,一个真正有智慧的人,一生尽管经历很多变动,但总能淡定地看待生活、看待名利和荣誉;总能够"不畏浮云遮望眼",认清自己是谁,做好自己该做的事情。

但问题是人总是不满足当下的生活,总有很多的憧憬甚至妄想,总是不甘于现状,总是喜欢那种荣华富贵;所以会有很多人困窘的时候还知道自己是谁,知道自己的本职工作;一旦飞黄腾达之后,就会忘乎所以,给人的感觉就是尾巴翘到天上去,不知道自己是谁。因此,一个真正始终知道自己是谁的人,是一个懂得"随遇而安"的人,是一个真正懂得人生的含义而能够淡定从容的人,是无论自己的处境发生什么变化,都能恪尽职守的人。相反,一个充满了各种欲望的人,一个心里充满了妄念的人,难免心会随着外在的环境而变化,一旦有一点成就不免飘飘然,甚至忘乎所以。因此,一个人要有时时知道自己是谁的清醒,不管面对什么干扰和考验,都能"制心一处",做好自己该做的事。

一个人不仅要知道自己是谁,还要清楚自己该做什么。一个人该做什么的实质,实际上是明确自己的使命。关于使命感,曾有人问我如何才能拥有使命感。如果翻阅历史,大家不难发现所谓的使命感主要来自两个方面:

一是天性本具。如王阳明从小就有"成圣成贤"的理想。十二岁时,王守仁正式就读私塾。十三岁时,母亲郑氏去世,幼年失恃,这对他来说是一个很大的挫折。但他志存高远，心思不同常人。一次与塾师先生讨论何为天下最要紧之事，他就不同凡俗，认为"科举并非第一等要紧事"，天下最要紧的是读书做一个圣贤的人。周恩来十二岁在沈阳读书的时候，某一天老师询问大家为何读书，有的同学回答为了升官，有人回答为了发财，周恩来听后气不过，大声喝道：我和他们不一样，是为中华之崛起而读书。毛泽东八岁读私塾时，某一天先生要求他写一首诗，他沉吟一下，作出一首《咏蛙》："独坐池塘如虎踞，绿树荫下养精神。春来我不先开口，哪个虫儿敢作声！"此诗虽然稚气未脱，但英气勃发，大有称雄天下的气势。这些人的理想虽与时代环境有关联，但更多的是缘于心中自然生起的使命。不然，同样环境中的人很多，为什么其他的孩子没有如此的抱负呢？有的人天生似乎都是带着使命而来，对此我们要看到人与人之间确实有禀赋的差异。

二是自己赋予人生以使命。人作为有觉悟的生命，很大程度上是自己赋予自己生命的意义。中共革命元勋刘伯承在新中国成立后曾经告诉儿子：如果不是生逢一个血雨腥风、国破民穷的时代，我一生都不愿意在疆场杀人。因为牺牲的无论是谁，都有父母，都会对一个家庭带来毁灭性的打击。但是面对国家的需要，必须有人承担责任，我不出来，谁来承担责任？刘伯承元帅的人生定位，就是自己赋予自己历史的责任。孔子也是如此。大家看到的孔子，都是知其不可而为之，周游列国推行仁义道德，但孔子的真实内心如何呢？《论语·先进》记述了这样一则对话：

> 子路、曾晳、冉有、公西华侍坐。子曰："以吾一日长乎尔，毋吾以也。居则曰：'不吾知也！'如或知尔，则何以哉？"子路率尔而对曰："千乘之国，摄乎大国之间，加之以师旅，因之以饥馑，由也为之，比及三年，可使有勇，且知方也。"夫子哂之。"求，尔何如？"对曰："方六七十，如五六十，求也为之，比及三年，可使足民。如其礼乐，以俟君子。""赤，尔何如？"对曰："非曰能之，愿学焉。宗庙之事，如会同，端章甫，愿为小相焉。""点，尔何如？"鼓瑟希，铿尔，舍瑟而作，对曰：

"异乎三子者之撰。"子曰："何伤乎？亦各言其志也。"曰："莫春者，春服既成，冠者五六人，童子六七人，浴乎沂，风乎舞雩，咏而归。"夫子喟然叹曰："吾与点也！"

通过这一段孔子和学生的对话，我们可以看出孔子内心里真正喜欢的景象是类似道家那种逍遥。但是生逢礼崩乐坏的乱世，人心迷乱，纲常败坏，孔子不可能只顾及自己的喜好，于是他虽明知道自己的理想不被尊重，但还要背井离乡去游说诸侯，这真正体现了一个觉悟者的自觉选择。何谓觉悟者的自觉选择？孔子什么都能看明白，也知道当时的政治氛围，但就是在什么都很明白的基础上孔子主动选择自己的生活方式，这才是真正的伟大，是自己把握自己命运的一种自觉！

无论是天性使然，还是自己赋予自己人生的使命，人都应该有所追求，以不辜负人生一场。我们常说有的人碌碌无为、无所适从，最终导致一事无成。究其原因，很重要的一点就是不知道自己是谁，更不知道自己应该做什么。一个非常清楚自己该做什么的人，一定是心无旁骛、专心致志、制心一处，最终有志者事竟成。

王安石有诗：不畏浮云遮望眼，只缘身在最高层。一个不知道自己是谁，不知道自己该做什么的人，自然不会领会什么是"不畏浮云遮望眼"，更不会有"身在最高层"的从容大度。李白有诗：长风破浪会有时，直挂云帆济沧海。只有认清了自己的定位，懂得了自己的使命，并愿意踏踏实实为自己的未来打拼的人，才能体会李白的诗。郑板桥有诗：咬定青山不放松，立根原在破岩中。千磨万击还坚劲，任尔东西南北风。当一个人真正知道了自己是谁，自己应该做什么，才能做到"咬定青山不放松"，当一个人真正做到了心无旁骛的时候，自然会"任尔东西南北风"。祝愿读者朋友能够多倾听自己心灵的声音，发现真实的自己，确定自己的人生方向与职业规划，好好努力，活出人生的精彩。

正确看待权力

如何看待权力，关系重大。树立正确的权力观无论是对于国家、社会、人民，还是对于公务员自身，都是极其重要的。反之，一个错误的权力观，不仅危害社会和人民的利益，也会让拥有权力的人走上违法犯罪的道路，一生的努力也会灰飞烟灭。

有一次，我去甘肃张掖讲课，机缘巧合，与当地一位领导干部聊天。他问我：你经常在社会上讲一些课程，我想问：你怎么看待权力？怎么看待管理？这应该是这位领导干部在思考的问题。我听后告诉他：权力的实质就是服务社会与大众，是给人方便；管理的实质，从内部团队看，就是人尽其才，从而形成整体的合力。对管理者而言，关键的是如何用人，有海纳百川的胸怀，将每个人用在最能发挥他作用的岗位，从而让团队实现最大的优化。当一个人拥有权力的时候，并不是为了显示自己的权威，更不是用来以权谋私；相反，所谓的权力，不过是给人民和社会服务的机会，这就是权力的实质。谁懂得了这个道理，谁就会在拥有权力的时候，谦和地做人，勤勉地做事，真诚地希望运用权力给社会和人民做点事，成全人民的诉求和愿望。正是在这个过程中，实现社会发展、人民福祉和个人发展的多赢。否则，如果一个人把权力当作个人炫耀和谋取私利的工具，耀武扬威，刚愎自用，自以为是，颐指气使，更有甚者，把国家的公权力视为私权，把当官与个人发财结合起来，这样错误看待权力的结果，一定是害了别人，也最终害了自己。他听后略有沉思，然后表示认同。

在现代社会，所谓公权力的实质不过是执行公共服务的职能。换一句话说，公务员的性质就是给人民做事的服务员。从权力来源上看，官员的权力来自人民的授予，从权力行使的对象上看，权力的使用恰恰在于给社会做事与服务人民。这应该成为每一个国民的常识。而且，我们生活的世界有一个基本法则，就是一个人对社会、对他人做出多大的贡献，就会得到多大的认可。反之，一个人多大程度上损害社会和他人，也一定会遭受多大的惩罚。很多人只看到成功者的光环，看到别人的地位、收入等外在的东西，而不去想这些光环背后浸含了多少汗水与奉献。具体到为官者，在职权范围内给人民做多少好事，人民就会给予多高的评价；多大程度上以权谋私、祸害人民，必会付出多大的代价。虽然也有漏网之鱼，但也必然承受身心的巨大压力。

当前，当我们强调权力只不过是给社会服务的工具时，有些人难免会觉得这不过是用于宣传的官样文章，阳奉阴违，并不能在内心深处认识到这句话的内涵和智慧。他们觉得让那些掌握权力的为官者讲求奉献，放下自己，多少有点脱离现实。其实这是因为很多人并不明白权力的实质与为官者个人成长之间的关系。我们强调公务员为人民服务，绝不是什么简单的道德号召，更不是单方面强调官员的奉献，而是为官者在运用权力给社会服务的时候，同时也在发展自己，这是一个多赢的过程。任何一个官员，只有在正确使用权力的过程中，给人方便，服务社会，利益人民，自己也才能得到社会的认可，也才能有更好的发展机会。反之，如果一个官员飞扬跋扈，以权谋私，权钱交易，鱼肉乡民，即便是通过不正当的手段得到一些利益，但"人间正道是沧桑"，天网恢恢，疏而不失，最终不仅心理上承受惊恐和不安，也终难逃过法律的惩罚。

因为错解权力的实质而身陷囹圄的人，比比皆是，国资委的某位前高官就是其中一例。这位高官曾任中石油的老总，后任国务院国资委主任，党组副书记。2013年9月，这位高官涉嫌严重违纪，接受组织调查。他之所以出问题，原因多多，但缺少对权力的正确认识，可谓重要的原因之一。在从政之后，他曾经有一个人生"理想"：生进中南海，死进八宝山。中南海与八宝山，在中国人心中并不陌生，大家通过他的"豪言壮语"也能看出他的为官目的：光宗耀祖也好，彰显个人权势也好，很大程度上就是为了个人的虚荣和利益。对此位高官而言，什么给社会服务、给人民做事，恐怕不过是场面上的话。这种把当官视为满足个人利益和心理虚荣的想法，一旦拥有了权力，自然免不了以权谋私、权钱交易，不可能不出事。

我还看到这样一个案例：有一位村干部，借用自己掌握的一点权力，把村里的土地、树木等共有资源加以变卖，其中相当一部分用于自己的挥霍。在做完这些之后，唯恐别人告发，又运用自己的权力到处打压别人，结果导致自己和村民严重对立。后来，在推行村民选举的时候，老百姓用自己的选票做出了回答，把那些真正做人踏实、愿意给村民做点事的人选为村里的负责人。曾经在村里不可一世的那些人得票很少。当前有人找出各种理由否定村民选举的价值和意义，比如，有人说村民的素质不高，不懂得行使选举的权利；也有人说中国农村是宗法社会，选举容易被宗族操纵等。这类言论没有看到这样的事实：人类的政治发展史证明，权力回归人民是历史发展的必然趋势，任何国家，概莫能外。在人民行使主人权力的时候，自然会有各种问题，也恰恰是在这个过程中，人民的民主素养在提升，国家的政治文明在进步。教训会让人民明白：只有庄严地行使选举权利，自己的权益才能得到保证！到了这个时候，任何违背人民利益的人，一定会被人民抛弃！

正确的权力观，是正确使用权力的前提。权力是公器，运用权力的目的是为大家谋福利，而不是谋取私利的工具，不正当地看待和使用权力，必然遭遇否定。正是因为很多人都没有真正理解权力的实质，视权力为个人谋私的手段，所以酿成大错，最终害人害己。

权力不仅是人民赋予的，权力的运用也正是给人民和社会服务。真正懂得了这个道理，一个人就会为官一任，造福一方，兢兢业业，诚诚恳恳，如同明代政治家于谦所写的《咏煤炭》一诗所说："但愿苍生俱饱暖，不辞辛苦出山林。"正是在尽心尽力给人民做事、给社会服务的时候，个人才会得到肯定和发展。焦裕禄为什么会得到全中国人的爱戴？周恩来为什么会赢得民众的敬重？很重要的原因就是他们懂得如何看待和使用权力。懂得了权力的实质，当人民找自己办事的时候，不能高高在上，而应该真正按照法律和制度的规定，认真对待，尽可能让人民满意。我们都有过到政府机关办事的经历，一些机构中那种冷漠和官僚的作风，确实让人心里不好受。本来权力的来源是人民，社会的主人也是人民，可结果是本应该给人民做的事，某些官员却横生枝节，不仅让人民办事困难，而且心情不愉快，这实在不应该。

但在现实中，为什么有些公务员做不到为人民服务呢？

究其原因，第一，有些人根本没有正确的权力观，不明白权力的实质是服务人民的工具。很多人由于"小我"的局限，眼中只有对"小我"的算计，只关注自己的利益，只想到自己如何光宗耀祖、耀武扬威，如何名利双收、升官发财，不可能真正理解权力的含义。在人生的旅途中，只有看待事情的角度和思维方式是正确的，人生的方向才能正确。反之，如果一个人对事情的理解是错误的，就会产生对他人和社会都不利的后果。所以，正确的认知产生正确的价值观；正确的价值观引导人们做出正确的行为。正确的权力观，一定是运用权力服务人民和社会的过程中，实现个人发展与服务人民的双赢。只有这样，才是真正有意义的一生。

很多人不但不明白权力的含义，反而迷失在权力带来的光环里。其实所谓的权力的光环，不过是外在的赋予，任何外在的东西，可以给你，也可以剥夺，不过是因缘际会罢了。有了这样的觉悟，更不应沉湎于所谓的光环而洋洋自得。看起来高高在上的权力背后，是一个个普通劳动人民的脊背；正是劳动人民辛勤的劳动和耕耘，才使得权力有了支撑。否则，没有普通劳动人民的赋予和支持，哪里有什么权力呢？真心希望每一个拥有权力的人，能够给人民造福，推动社会的发展。

第二，确保权力的运用能够为人民服务，不能仅仅依靠官员的道德觉悟，而是还要创新制度设计。前些年，河北省委有个秘书，在被判决死刑时，他向记者表露：在做秘书半年多后，一次看电影《焦裕禄》，曾使我泪流满面。我到现在都忘不了电影《焦裕禄》中那一个个感人的场面。由此可见，他也想做一个让人尊敬的好官，可是当他刚离开秘书岗位坐上税务局局长的宝座后，忽然感觉，一切人、事开始围着自己转。时间稍长，单位就以自己为中心了。恭维顺从者越来越多，批评监督者越来越少。可以说，在一定范围内，自己想干什么就干什么，没什么阻力。尝到权力的甜头后，愈发不可收拾。在这种状态下，哪顾得上什么信念？只有在主席台上作报告时，才会想起"信念"这个词。

通过这个案例，我们可以明白一个道理，在如何使用权力的问题上，来不得半点天真，权力和利益对人的腐蚀超乎想象。我们固然不能弱化道德自律对人的作用，但是制度的建构和完善更具有根本作用。从全世界的经验看，防止权力的异化和变质，有三句话非常关键：一是任何权力，如果缺少真正的监督，必然会导致腐败；二是任何权力，如果缺少制衡，难免会走向独裁和专制。三是任何权力，权力来源于谁，就会对谁负责。这几条结论应该是人类几千年政治文明发展的普世经验。针对第一句话，我们应该强化对权力全面、立体的监督体系，包括上下级的监督、社会监督、人民监督、新闻媒体的监督、不同政府部门的监督等。只有将权力放置在立体系统的监督网络里，才能减少权力腐败的机会。针对第二句话，审判机关、人大权力机关、检察机关、行政机关等不同权力部门如何形成相互制衡的体系非常重要，只有这样，才能有效地讲求民主，反对权力的专断与领导人的一言堂、家长制。针对第三句话，当官员的权力真正来自人民，或者说当人民能够真正影响或者决定官员升迁的时候，官员也一定会低下头来，认真倾听人民的声音，在施政的时候一定会体现人民的利益。一个很简单的道理，权力来自于谁，就会对谁负责，这是被历史反复证明了的真理。当然，现实中在如何建构一个健全的制度体系以防范权力的滥用问题上，我们无论在理论上还是实践中，都有太多的问题需要研究。但通过制度建设来确保权力为人民服务的方向，应该坚定而清晰。

在中国的基层，如何看待权力关系重大。地方干部在古时候被称为父母官，在民主的时代，地方官员更是直接关系老百姓的切身利益。地方干部的一言一行，直接关系当地老百姓的福祉。最高领导人说得再好，中央的政策再英明，老百姓很难直接感受到。但地方干部的言行，却直接关系人民的现实生活。从这个意义上说，一个地方能够遇到一个好干部，能够正确地运用权力，真正为人民做事，替人民着想，反映人民利益，真是人民之福，人民之幸。而对于官员而言，踏踏实实给社会、人民力所能及地做点事，人民感恩，自己和家人吉祥平安，这不是最好的结局吗？

"雄心壮志"和"道法自然"

当我们阅读历史的时候，会发现：有一些领导人不乏雄心壮志，带着拓疆万里的豪情，结果治理国家的实际效果并不理想。在现实中也有很多这样的人，不乏抱负和理想，也敢闯敢干，可就是最终一事无成，空余一声叹息。那么为什么会出现理想和实际效果的巨大反差呢？如何才能既有雄心壮志的理想和抱负，又有披荆斩棘的做事能力呢？我们所希望的是无论伟人，还是普通人，不仅要有想做一番利国利民之事业的心，还要有做成利国利民之事情的智慧。

客观地说，一个国家的领导人，能够有抱负，能够抱着一颗诚恳的心希望给人民、国家做事，这可谓是民族的幸运。我们考察人类的历史，会发现有一些领导人虽然身居高位，并没有那种家国天下的情怀，更没有真正为国为民做一番事业的雄心和担当，从这个意义上说，一个民族能够遇上一个真正想给国家做事的领导人，实在是一件值得庆幸的事。但是，我们深入观察，会发现在历史上也存在一些想做事情的领导人，但是最终的结果未必如人所愿。我们以明末崇祯为例，就可发现一个人有扭转乾坤的意图，并不代表就有济世安邦的才能。

崇祯本来怀着拯救大明王朝的理想，结果没有避免亡国的命运，其中的经验教训就非常值得我们沉思。客观地说，崇祯是一位很希望有作为的皇帝。在他即位时，明朝已处于风雨飘摇之中。他在位十有七年，既有东北清军的威胁，又有内地农民起义的打击，可谓内外交困，几乎无一日轻松。崇祯更是励精图治，每天处理公文召见群臣，从早到晚难得休息。据史书记载，一次大朝之后，崇祯皇帝到慈宁宫拜见刘太妃，坐在那里竟然睡着了。刘太妃让左右给他覆上锦被，不要打扰，过了些时候，崇祯醒来，忙整了衣冠，对刘太妃说："神祖（明神宗，刘太妃是刘宗妃）时，海内少事，至儿子多难，所苦支吾两夜，省文书，未尝交睫。今在太妃前昏然不自持，一至于此。"刘太妃听了也为之泣下，崇祯皇帝也几乎落下眼泪，周围的宫人心中酸楚，莫能仰视。

但在具体施政的时候，他能力的缺陷就表现出来。在军事上，他不辨是非，以所谓"袁崇焕咐托不效，专恃欺隐，以市米则资盗，以谋款则斩帅，纵敌长驱，顿兵不战，及至城下，援兵四集，尽行遣散，又潜携喇嘛，坚请入城"等九项罪名于崇祯三年八月将其凌迟处死，袁崇焕的死为历史上最大的冤案之一。自此之后，大明王朝无人能够真正抵御满清的进攻。

在内政上，他更是错误连连，进退失据。明朝在面对内部农民起义和外族入侵的情况下两个拳头出击，崇祯一面在东北投入重兵来对抗后金，一面派兵在陕西、四川平定叛乱。农民起义的动机就是吃饭问题。陕北灾害连年，老百姓严重缺粮，只能吃树皮、蓬草或"青草石"，非正常死亡的现象不计其数。有的地方甚至"炊人骨以为薪，煮人肉以为食"，致使"死者枕藉，臭气熏天"。面对这种情况，崇祯本想与民休息、发展生产，但是，巨额的战争费用和臃肿官僚体制的耗费无度，都使得官逼民反。面对民不聊生、饿殍遍野的境况，崇祯虽然不止一次地下"罪己诏"，但是，这种"自我批评"的理想主义道德境界并不能解决实际问题。面对内外交困，崇祯不仅不断加派辽饷，而且为了应对起义军再次增收缴饷、练饷。各种税收的加派使得农民的负担更重，致使越来越多的农民跟随李自成造反，终于把善良的老百姓逼上了"梁山"。在农耕文明的中国，农民的问题始终是中国社会的首要问题。只有抓住民心才能坐稳江山，但是可怜的崇祯却没有明白这个道理，而是仅仅寄希望于一个皇帝对整个民族的拯救。

崇祯的努力与大明王朝的灰飞烟灭，给我们深刻的启迪：任何一个伟大的事业，不仅需要主观上的努力和愿望，也需要在认识事物发展规律基础上的践行能力。如果单凭良好的愿望，现实中的政策和措施却进退失据，严重脱离实际，最终也只能事与愿违，空留一声叹息。这就引发了这样一个问题：一个伟大的领导人，一定是希望为国为民做一番事业，但问题是怎么样才能真正为国为民做成事情，能够真正通过自己的努力为国家的进步、人民的幸福做出自己应有的贡献，这就是每一个想做成事情的人需要思考和回答的现实问题。简言之，想做事情，可以称之为"雄心壮志"；但究竟怎么样才能真正有所作为而把事情做成、做好呢？

对于一个人如何才能做成事情、做好事情的问题，中国文化对此提供了我们学习的智慧。对于世界发展的状态和规律，中国文化有两个基本的概括：变易和缘起。所谓的变易，就是指世间任何事物，都处在不断的变化之中，所以中国的"五经"之首就是《易经》。佛家则把这种现象称为"无常"。实际上，"无常"就是没有"常"，也就是变易的意思。所谓的"缘起"，是指任何事情的发生和消亡，都是取决于条件是否具备。当条件具备的时候，该发生的时候，一定会发生；当条件具备的时候，该退出舞台的时候，任何人和事物都必须退出舞台。这个规律不以人的意志为转移。该发生的事情，不希望发生也会发生；该退出舞台的事，再留恋也会退出舞台。因此，正是基于这样的认知，道家哲学提出一个思想"道法自然"。为什么"道法自然"？就是因为事情的发生、变化，皆源自"缘起"，所以一个聪明的人不会以人为的意志强迫外在的事情符合自己的要求。反之，一个有智慧的人，恰恰要把自己的心调好，一切懂得尊重事物发展的自然规则，做到"道法自然"；而不是以自己的喜好扭曲或者强迫自然。因为，任何人为强迫外在世界的努力，结果是外在世界还是外在世界，人们却往往因为自己的鲁莽而付出惨重的代价。由此，我们就可以对中国文化的做事智慧做出总结：做人不仅要有担当、有使命，带着"雄心壮志"的抱负；而且在真正做事的时候，还要能够懂得"顺势而为""道法自然"；仅仅有抱负，想"有所作为"，但并不一定真正能够做成事、做好事，还必须懂得如何"顺势而为",才能将动机和效果有机地统一起来。对于这种认识,我们可以从历史上得到诸多印证。

比如,在清朝晚期,没落的清王朝不能正视世界大势,更做不到顺应世界大势,结果一次次的挽救晚清王朝的努力,都以失败而告终。历经三十余年的洋务运动,甲午海战的炮声击碎了自强的美梦;壮志未酬的维新变法,最终戊戌六君子喋血菜市口;清末的新政与"预备立宪",结果也是昙花一现;这每一次的努力都是对清政府的拯救,可惜一个盲目自大的王朝,一个不思进取的王朝,一个自绝于人类文明大道的王朝,一个不懂得人民才是社会真正主人的王朝,最终演绎了"自作孽不可活"的世间规则。但是,一个即将退出舞台的王朝,究竟什么时候要退出舞台,这要看条件是否具备。大家阅读晚清的历史,自20世纪以来,各种以推翻清王朝为目标的起义此起彼伏,但是一直到1911年10月10日的辛亥革命,大清王朝才土崩瓦解。

大家发现,在广州黄花岗起义的时候,多少英杰带着必死的决心,为革命理想置生死于度外,可是最终的结果却是让人一声叹息。但是到了辛亥革命的时候,武昌新兵一个营的战士,冲出军营,打响了武装反抗清王朝的第一枪,结果是一夜之间,占领武昌,三日之内,武汉三镇归于革命者手中。当时,革命领袖孙中山正在对美国华侨发表支持革命的演讲,一封电报突然而至:革命已经成功,邀请孙中山回国。据说,刚开始孙中山并不相信,以为是清政府诱捕自己,他没想到胜利来得太突然。因此,即便是一个落败的王朝,在条件不具备的时候,多少人抛头颅、洒热血,虽然动摇了清王朝的根基,但只是摇摇未坠。而当各种条件具备的时候,一个营的士兵起来抗争,清政府的大厦即刻哗啦啦倒下。苏联的历史也可为我们的教训。法国思想家萨特曾经在20世纪50年代访问苏联,回国后发表自己的看法:苏联看似强大,但体制僵化,很多做法泯灭人性,最终一定会退出历史舞台。萨特的这个判断,在50年代是不可思议的,因为苏联的强大有目共睹,很难想象苏联会有一天土崩瓦解。但是,当苏联的问题一天天暴露,仅有的活力一天天被束缚,等真正退出历史舞台的机会来临时,结果是一夜之间克里姆林宫就换了主人。一个曾经称霸半个世纪的超级大国，就这样黯然收场。列宁曾经说过这样的话：革命不是人为制造出来的，而是各种条件具备之后必然发生的运动。这是一个革命家对人类历史的洞察和总结。

有这样的认识，我们就可以懂得，一个有抱负的领导，一定要深刻地把握社会的发展态势，深刻地把握社会的现实条件；任何改革的措施，一定是既要面向未来，引导中国社会走向更加开明、光亮的未来，同时又要立足当下条件的许可，在条件具备的时候逐步、稳妥地推进改革。如果大方向确定，就要一步步地创造中国改革的条件，只有这样，国家才能稳妥地进步。联想董事局的主席柳传志，有一次在接受央视的《对话》栏目采访时，谈出了自己对于经商的体验，他说：回顾联想的发展历史，联想实际上就是在中国改革的环境中，不停地适应环境，当大环境合适，我们就努力发展；当大环境不适合的时候，我们就努力给自己创造一个小环境，咱们小环境也不行，我就待着不动了，我绝不越过红线，绝不越过雷池，这样才能保住命。大的环境改造不了，你就努力去改造小环境，小环境还改造不了，你就好好去适应环境，等待改造的机会，我是一个改革派，之所以到今天还算成功的话，因为我不在改革中做牺牲品，改革不了赶快脱险。当然，对于柳传志的这个观点，可以有不同的看法，但是任何一个人如果想做成事情，一定要结合客观实际，一定要做到实事求是，任何伟大的理想，如果不能将根扎在现实的土壤上，一定没有理想的结果。一个有智慧的人，做事一定要懂得顺势而为，一定要在恰当的时候做恰当的事。一个人，当客观条件具备了却不敢做、不会做，就会丧失机会；当条件不具备的时候，却盲目去做，结果是好心也会做坏事，会引发严重的后果。

顺势而为，看起来是很简单的一句话，实际上并不简单。因为人们最容易犯的毛病就是将主观强加给客观，就是带着自己的欲望自以为是地去胡乱作为。对此，老子、庄子都曾经明确地指出，人人都难以摆脱欲望和自私，正是在追逐自己欲望的时候，往往会忽视客观现实，妄想为所欲为，这就是老子所总结的"祸莫大过于欲得"。这种将主观强加在客观之上的做法，就是违背了"道法自然"的智慧，结果只能是"妄做凶"。比如，在教育孩子的时候，每一个孩子都有自己的特长和爱好，都有各自的成长规律，可是很多父母却为了自己的愿望强迫孩子去做不适合、不喜欢的事情，最终对孩子的成长并不是好事情。我们很多人之所以把事情搞砸，究其原因，要么是没有拿捏好分寸，要么是虽然懂得拿捏分寸，但最终因为欲望的纠缠而不能做到"道法自然"。这种事情，在我们身边随处可见；在历史上也比比皆是。袁世凯、蒋介石这些人物，哪个不是大人物？可是，在世界大势面前，空把机会错过，怪谁呢？所以，中国文化一直强调警惕欲望的干扰，这是基于洞察人生之上的智慧劝告。

总结历史上无数事与愿违的例子，我们要牢牢记住这样的教训：任何一个人，如果希望创造丰功伟业，一定要做到主客观的统一，主观要符合客观的实际情况，实事求是。在主观上，胸有蓝图，有拓疆万里的雄心；在客观上，一定要认真研究所面临的客观形势与发展趋势，探究事物发展演化的规律，并永远保持清醒，根据事物发展的要求，不断地采取与事物发展相适应的政策和措施，做到道法自然从而真正保持主动，真正做到永葆生机和活力。

选择适合自己的职业

在选择职业的时候，很多人面临困惑：要么不知道在多种选择面前何去何从，要么是不知道自己究竟适合什么样的工作，要么是在工作的时候，得陇望蜀，患得患失等。当然，有一些人仅仅出于谋生的需要，只要是一个工作的机会就很好，不管什么喜欢不喜欢。但是，也有很多人条件优越，受过高等教育，或者是那些有追求、有抱负的人，无不希望选择一个真正适合自己的职业，并能做出一番事业，小则对家庭负责，大一点告慰人生，对国家也能有所贡献。那么，一个人究竟要怎样选择适合自己的职业呢？

如何选择职业，有很多需要考虑的因素，但主要包括两个方面，一是要对工作的性质、特点和要求有一个基本的了解；再就是对自己的优长和不足有一个清醒的认识，职业的选择要学会扬长避短，找到自己的优势与工作需要的切合点。

什么是合适的工作？其实，工作没有什么好与坏，只要不违法，不违背社会公序良俗，有利于国计民生，都是好工作。关键是一个人在选择职业的时候，能够将自己的长处和优势与工作的需要结合起来。只要一个工作能够发挥自己的优势，干工作的时候能够得心应手，能够很快做出成绩，都是好工作。一句话，合适的工作不是什么外在的光环所决定，不是在别人看来多光鲜，而是看自己是否适合，是否能够成为行业的佼佼者，是否能够发挥自己的长处和优势。在选择职业时，最重要的考量就是在对不同工作的性质和特点基本了解的基础上，将自己优势与工作的需要有机结合起来。

比如，有的工作比较强调自我的奋斗，能够体现个人的创造力，换一句话说，通过自我能力的展示就可以取得较为理想的成就；但是也有很多工作，不仅需要自我的努力，也需要外在环境的认可，强调个人对单位或者领导的服从。比如，从事科研的人，能否在科研上取得重大成就，不是说领导多么赏识你，而是你有没有能力在科研上取得突破性的成就。这种工作，更多的是体现个人的努力。科学研究注重个人的努力，不仅是针对自然科学，即便是一个从事人文学科研究的人，也是如此。一个人，是否有思想，是否有大的格局和情怀，能否对人类社会面临的重大问题提出自己的回答和思考，这很大程度上取决于个人的能力和智慧。但是，有一些行业则不然。比如在政府工作，不仅是需要自己有能力，还要在人际关系上有很好的处理。除了把工作做好之外，得到领导和同事的认可也很重要。一个人即便是能力很强，很有创造力，但是不懂得领会领导的意图，不懂得赢得同事的认可，也很难有好地发展。这一点不仅是在中国，而且在任何一个国家都是这样。比如美国社会是两党制的国家，如果你的政治立场是共和党；尽管你做得很好，很有能力，但当民主党执政的时候，也较少有机会被共和党任命为内阁成员。因此，类似于这样的工作，不仅需要自己有才能，还需要自己能够很好地处理人际关系。

由此，我们可以对不同的工作做一个总结：有些工作更多强调自己的创造力，个人的因素起的作用比较大；有些工作，不仅需要自己做好，且外在因素的认可起着非常重要的作用；懂得了这个道理，一个人就要善于根据自己的个性特征做出职业的选择。比如，一个人不喜欢也不擅长人际交往，在处理复杂人际关系的时候，心理上不高兴，也不擅长，但是很喜欢在某一个方向上做钻研。这种人选择职业的时候，可以选择多依靠自身奋斗就可以取得成就的职业。比如，袁隆平先生，著名的水稻专家，给千万农民兄弟带来利益的大科学家。他所从事的职业，最关键的在于他是否专业,是否对水稻品种的培育有精深的理解,是否非常喜欢在水稻品种的培育上深入钻研并取得成就。袁隆平自己也说,他最喜欢的就是全身心投入水稻品种的改良,不喜欢复杂的人际交往。我曾经遇到过这样一个案例:有一个军人朋友,在复员转业的时候到了地方税务局办公室工作。从政府工作的角度,局长办公室直接服务局长,是一个容易被领导发现优点并被重视的工作。结果,这个朋友个性突出,喜欢有自己的主见,做事有自己的风格,在服务领导的时候,很多时候虽然很用心,却并不能得到领导的欣赏。最终十多年的办公室工作,领导不是很满意,自己也一直不是很舒心。虽然他的很多同事得到提拔或者重用,而自己一直到退休也没有得到重用的机会。

当然也有一些朋友,很擅长处理各种复杂的人际关系,而且在处理复杂的人际关系时心情愉快,能够聪慧地领悟领导的意图,还能够创造性地完成工作,最终的结果能让各方感到满意。这种人比较适合从事行政管理工作,可以选择政府机关、大公司的行政部等行业。在我身边,就有这样的朋友,待人接物亲和,对复杂的人际关系处理得游刃有余,对于各种复杂的微妙的人际关系,能够拿捏分寸,做事的时候能够让领导、同事、下属都感到比较满意,能够兼顾很多人的感受。在为人处世的很多细节上,都能够很好地处理,让人感觉自然而然。这种人往往很快得到领导的赏识,个人的发展上也能有较好的前景。

简而言之,一个适宜的职业选择,就是根据工作的性质和特点,将个人的兴趣、专长与工作的实际需要有机地结合起来。这看似简单的职业选择问题,为什么很多人不能正确地找到自己适合的职业呢?很重要的原因就是一个人在各种外在的影响中,迷失了一个真实的自我,根本不知道自己真正适合的是什么。比如,由于现实中存在实际的不平等,中国社会现在仍然存在很强的官本位思想,很多家长希望自己的孩子成为官员,无论是对于自己的尊严,还是对于所谓的"光宗耀祖",都有好处。于是,在孩子成长的过程中,家长、社会舆论等各种外在的力量,不断地给孩子灌输做官好、要报考公务员的思想。本来一个非常适合从事科学研究的孩子，在这样风气的熏陶下，慢慢地就会失去本来的自我，逐渐地也把报考公务员作为自己的职业追求。最终的结果，也许能考上公务员，但由于个性等原因，在工作的时候，不仅自己不幸福，而且领导也未必满意。反之，如果这种人未曾泯灭天性，能够从事一个适合自己的学术研究专业，很有可能成为一个学有专长的学者，以自己的学术研究给社会做贡献，实现人生价值。每一个人都会有自己的专长，这个专长不见得就是特别突出，但是相对于别人是相对突出；每一个人只有将爱好、专长与工作的需要有机结合起来，才是适宜的职业选择方向。这样的选择，可以一辈子感到快乐，容易取得好的成绩，无论是对于服务社会还是实现个人价值，都有好处。

当然，职业选择是一个非常复杂的问题，涉及方方面面的因素。但不管怎么样，一个人能够真正倾听心灵的声音，找到一个真实的自我，能够很好地将个人专长、兴趣与社会的需要结合起来，这样才是理想的选择。仅仅是有一个合适的选择还远远不够，更重要的是一个人怎么样面对自己的选择。当前的一些年轻人，好高骛远，不愿意吃苦，在没有做到足够程度的时候，就希望得到好的回报，这种不踏实的做法和想法，只能是在白日梦中虚度年华。

当一个人做出了选择之后，最重要的就是诚恳待人，踏实做事，就是一定把自己的本分做好。比如，学生一定好好读书；教师一定好好教学科研；公务员一定认认真真为人民做事；科技人员一定好好地搞科技发明；商人一定把商品的质量做好，对消费者负责等。一个真正聪明的人明白：一个人无论多大的理想，一定从本分做起，一定把自己该干的事情做好，不管自己干什么工作，都能够心无旁骛，都能够专心一处，能尽力把工作做好，那么，他的机会一定会越来越好！所谓的辉煌，都不过是以勤奋的砖石累积的高楼！

禅宗曾言：制心一处，无事不办！此言是大智慧，真实不虚！

闲话"爱情"

爱情恐怕是人生最难说明的话题，也是每一个人都要直面的人生必修课。古往今来，问世间情为何物，直教人生死相许，爱恨情仇，谁能说得清楚？而且，感情的关键在"情"这个字，而当理智遇到感情的时候，往往是秀才遇见兵，有理也说不清。所以当有学生朋友问有关爱情话题时，我总是不愿意回答类似的问题。感情和理智，是两个不同的问题，只有极有智慧和定力的人，才能够用理智驾驭自己的情感。而更多的人，则是一旦被情感绑架，则会丧失理智，丧失基本的判断和分析能力，甚至会变得荒唐和愚蠢。正因为如此，有人才戏言：男孩、女孩在谈恋爱的时候，是智商最低的时候。虽是开玩笑的话，却不无道理。但是，爱情在有的时候虽不可理喻，但毕竟是人生逃不出的问题，因此，也不妨从多角度看看爱情，也许能够给大家一点启发。

在佛法看来，所谓人与人的情缘，无非有这样几种：一种善缘，往昔的互相成全、帮助而造就的一个善因；当在另一个时空两人相遇之后，互相理解，互相支持，互相爱护和成全。一种是恶缘，往昔双方曾经互相伤害，种下了恶"因"。这种缘分相遇之后，往往会有很多冲突，甚至还会引发严重的后果。当然，我们都不希望碰到恶缘，那怎么办呢？孔子曾经说过：君子求诸己，小人求诸人。意思是真正的君子在遇到问题的时候，首先反思自己的不足，善于从自身上找原因，严以律己，宽以待人，这样就可以化解怨恨，甚至化干戈为玉帛。反之，一个人如果遇到事情后一味地指责别人，推委自己的责任，结果只能是导致生活处境越来越不好。

抛开从因缘的角度看爱情，我们应该明白这样的道理：不独是谈恋爱，做任何一件事情，都需要各种条件具备才能成功。一件事情，是否成功并不以我们的心愿为转移，而是看是否各种条件都具备。如果条件不具备，自然不会有我们所期待的结果；因此，对爱情，尽管需要真心对待，但切莫强求，应该有一份坦然和从容。对于一个缘分，是否是善缘，我们很难知道；但是，一个人一定要心怀感恩的心，包容的心，忏悔的心，与人和善的心，这样即便是遇到障碍或者恶缘，也会因为自己的善良和真诚而发生变化。所以，《易传》有云：积善之家，必有余庆；《老子》也说：天道无亲，常与善人。

在看待爱情的问题上，很多人犯的错误就是强求，本来不可能的事情，但当事人被感情冲昏头脑，丧失了起码的理性和智慧，结果被情所困，甚至因为迷于情网而走上违法犯罪的道路。也有一些人，沉迷于爱情，为了所谓的爱情，敢于僭越人伦乃至法律的底线，这是非常危险的行为。这样的案例可谓比比皆是，引人深省，发人深思。也有一些人，遇到什么都将之归责为因果报应，而不是从自己身上找原因，不懂得反省自己和改进自己。佛法不仅讲述了因果规则，而且还告诉人们如何改变自己的命运：命自我立，福自己求。一个人的生命如何，就在于自己怎么把握，怎么努力，因此，无论我们做任何事，都要用人格和智慧做铺垫。任何一个没有人格和智慧为根基的感情，很难有好的结果。没有人格的人，怎么可能懂得尊重别人、爱护别人与承担责任？一个没有智慧的人，如何处理好生命面临的风风雨雨呢？

据说某一个大学在开选修课时，有一位老师开出一门"爱情学"的课程，结果选修该课程的同学爆满，以致换了几个教室都装不下选课的学生。由此可见"爱情"这个话题，在大学生中间有很高的关注度，同时学校又缺少对学生如何处理爱情问题的指导。对于这一点，从事教育的人们要进行反思。教育不仅要教给学生一点知识，更要解决人生观、价值观、世界观的哲学问题，也要就正在困扰学生的一些现实问题提供一些指导和帮助。比如，对于一个希望谈恋爱的人而言，我们不禁要问：你做好谈恋爱的准备了吗？爱情到底对于人生意味着什么？追求爱情的时候会经历什么样的考验和问题？应该如何表达自己的感情？如果被拒绝时应该如何处理？如何解决恋爱时彼此的矛盾和冲突？如何面对失恋？如何安顿和调节自己的心情？等等问题，都需要实际的指导。有这样一个案例：一个没怎么上过学的女孩，糊里糊涂地和男人发生关系，结果怀孕后不敢告诉别人，生下孩子后既不敢告诉别人，也没有能力抚养，竟然把孩子扔进湖里淹死。最终这个女孩因为故意杀人被判处刑罚。这样的结局，无论是对于孩子还是母亲，都是极大的悲剧。究其原因固然很多，但主要在于我们缺少对孩子相关问题的教育，导致孩子不知道男女交往会遇到哪些问题，更不知道问题到来时如何处理和应对，结果茫然不知所措，最终一错再错，终成悲剧。

不仅是对于爱情，对于任何一个问题，我们都不妨多一个观察问题的角度，这样会让我们多一份智慧和清醒。祈愿有情人能够姻缘美满。

思想家的深度与政治家的智慧

思想家和政治家有着各自的特点,如果我们仔细品味,会发现有着各自的智慧。而且对二者的比较,有助于提升我们的人生智慧。

对于思想家而言,一定是有深刻的思想,对人生、对社会、对宇宙、对人类面临的诸多问题,有着超越时空的洞察。如果,一个人没有远见,都是些蝇营狗苟的算计,那根本不可能成为思想家。一句话,思想家就要站得高、看得远,甚至能够对人类若干年的未来做出沉思和回答。对于政治家而言,一定是要善于根据情势的需要,提出那个时代最需要的政策,推动社会的进步,改变人们的命运。我们通过两个例子,给大家说明思想家和政治家的区别。

对于思想家,我们以孔子为例,来探究伟大思想家的智慧和远见。孔子生活在春秋战国之交,当时的中国,群雄逐鹿中原,战乱不已,各个诸侯王为了争霸的成功,不惜采用各种手段达到自己的目的。夏、商、周三代确立的最基本的人伦规范遭到践踏,价值观混乱,礼崩乐坏,其中称王称霸者,追名逐利者,尔虞我诈者,甚至阴谋诡计者,比比皆是。孔子生活在这样一个时代,作为思想家的他,必须思考中国的社会怎么了?为什么会这样?有没有救治的办法?应该说,孔子作为思想家,对当时病态的社会做了诊治,提出了他的药方。孔子认为,一个国家最终的长治久安,表现为人心的善良和价值观的正确。如果一个社会,人人心中都是邪恶,心怀叵测,这个社会必然到处都是杀戮和血腥;如果一个社会,人人心中都是善良和正义，那么，这个社会也一定是欣欣向荣，井然有序。所以，孔子得出一个结论：一个好的社会，一定是在文化层面不丢失对良知的启发和正义的坚守！如果一个社会的人心出现了问题，这个社会也必然出问题。所以，他老人家基于这种认识，就为自己的人生立下了一个志向：弘道义于天下！当自己的为政理想得不到尊重的时候，他决定背井离乡，周游列国，为了推行仁义道德于天下而矢志不移，尽管他早已知道了当时的社会不可能真正理解他的思考和远见，但是他无论经历多少困难都不改初衷。后来，在近七十岁的时候，回到家乡，开始将主要的精力放在整理文化典籍和教育学生上，为的就是为中华民族保留文化的火种，照亮这个民族前行的征程。曾有一些人嘲笑孔子的迂腐，其实根本不是这样。嘲笑孔子的人，只能证明自己的浅薄。为什么这样说？大家阅读历史会发现：春秋时期，很多人看起来仿佛比孔子识时务，但是为什么孔子被后人尊称为圣人呢？中国的历史在经历秦朝的严酷刑罚之后，到了汉代的时候，最终开始逐渐认识到孔子思想的价值，汉武帝的时候，就提出了尊重儒家的政策。我们可以做个结论：任何一个朝代和国家，如果希望得到人民的支持，希望长治久安，一定要学习孔子，要把人民当回事，一定要推崇仁爱的价值，一定要把人当作人。否则，一个不把人民当作人的社会，一个不重视人民尊严的社会，一定会被历史否定，这个道理，古今中外，概莫能外。

历史即便是到了今天，孔子对于人类命运的沉思、对于如何成为志士仁人、对于如何承担人类的使命和责任等的思考和回答，都超越了那个时代环境的限制，对我们有永恒的价值。换一句话说，无论在任何时代，人类文化中的有些价值都需要我们永远继承和弘扬。但是，我们反过来要问一个问题：孔子那么有文化上的远见，可当时为什么没有诸侯王按照孔子的思想去实践呢？原因就是孔子是一个思想家，有些思想尽管非常深刻，非常有远见，但未必符合那个时代的时节因缘，未必在当时就具备实施的条件。那么，真正能够识时务并付诸实践的，则是政治家的使命。

对于政治家，我们以邓小平为例来看政治家的智慧。邓小平在毛泽东年代就是中国最高领导人之一。对于毛泽东时代的很多事情，他是亲历者，也是参与者。正因为如此，在改革开放之后，他比其他人更有条件反思新中国成立后的问题。早在1979年接见美国的一个访问团时他就指出：有人说市场经济是资本主义的东西，社会主义不可以搞市场经济，哪有的事情！我们从邓小平的这个话中，就可以看出：邓小平在这个时候就已经开始认识到计划经济的问题，就开始认为中国如果要发展经济，应该推动市场经济的改革。结果，邓小平讲出这个话之后，社会反应并不强烈，道理很简单：中国刚刚从"文革"的阴霾中走出来，哪里知道什么市场经济？一句话，中国还没有推进市场经济改革的条件。邓小平看到这个实际情况，于是一步步地创造条件推动中国的改革。1984年召开了十二届三中全会，在这次会议上，邓小平指出中国经济的性质是有计划的商品经济。注意，邓小平在这个环境提出有计划的商品经济这个概念，实际上已经把经济体制改革大大地推进了，但还是需要带上计划经济的限制词。后来又经历了几年的经济发展，人们逐渐认识到这样一个事实：哪个地方推行了市场经济，哪个地方的经济发展得就好，人民的生活水平就高。具备了这个基础，到了1992年的春天，邓小平在南方谈话中非常明确地提出：市场经济和计划经济，都不过是发展经济的手段，资本主义可以用，社会主义也可以用；一个国家市场经济少一点、多一点，无关乎社会性质；资本主义可以搞计划经济，中国也可以搞市场经济。可以说，邓小平的一番讲话，一下子把束缚人们头脑的僵化思维给打破了，从此市场经济的改革深入人心。

我们通过邓小平如何推动改革的例子，可以明白这个道理：一个社会需要做什么和能够做什么，并不是完全一致。那么，真正的政治家，既要看到方向在哪里，又要善于根据条件的许可，一步步稳妥地把符合社会发展规律的东西付诸实施。如果一个人的思想看起来很美好，但没有考察社会的现实条件是否允许，就贸然地推进改革，结果不仅不会成功，还可能引发社会动乱。因此，任何好的政策，一定是根据条件的许可，稳健地推进改革。一个社会，如果不能直面问题而勇敢地改革，一定会出大问题；但是，一个社会，如果不能够根据条件的许可而贸然地推动改革，也会引发各种问题。所以，一个伟大的政治家，一定是在条件许可的情况下，力所能及地推动社会发展；如果条件不具备，那就逐渐地创造条件为改革积蓄力量。

通过上面的两个例子，我们可以得出结论：做一个思想家，就要高瞻远瞩，就要对人类的命运和事关人类发展的大问题，有远见卓识，并以自己的见解为人类社会的发展提供智慧和启迪。做一个政治家，就不仅需要认清历史的潮流，还要有如何推进社会改革的智慧，根据条件的许可，稳妥、积极、有步骤地一步步推动社会向着更公平、更有希望的方向前行。如果对思想家和政治家做一个比较，思想家看得更远些，思想家具有超越性，思想家提出的东西，往往具有永恒的价值，所以思想家的价值往往在历史发展的过程中逐渐得到认可，思想家的长处是远见卓识。而政治家则是善于根据时事的许可而改变国家命运，政治家的长处是识时务；所以，我们就能理解为什么孔子周游列国不被统治者认可，却在后来的历史中被推崇为圣人；邓小平作为政治家，启动了中国的改革，但中国的未来究竟如何？邓小平创造性提出了一个"摸着石头过河"。随着中国环境的变化，江山代有人才出，各领风骚几十年。因此，社会需要思想家，也需要政治家。如果一个人既是思想家，又是政治家，那就要在观察问题的时候，做远见卓识的思想家；在推动社会改革的时候，做脚踏实地的政治家。

对于政治家和思想家的理解，可以给我们这样的启示：在观察问题的时候，一定要深邃，要抓住问题的实质；要能够富有远见；真正在做事的时候，一定要善于根据具体的情况，做到因时制宜、因地制宜、因人制宜，一句话，要善于根据具体的情况制定适宜的政策。

简单地说，做一个思想家，一定要有超前的智慧；做一个政治家，一定要懂得随缘；任何超越特定环境的做法，很多都是看起来很美好，结果往往是事与愿违，未必取得理想的结果。当然，最理想的状态，是一个人既有思想家的远见卓识，又有政治家做事的智慧，这样才能为社会的发展制定长远目标的同时，也能够踏踏实实地一步步做起。

"无所待"与心灵自由

每一个时代都有各自时代的问题。刚改革开放的时候，吃饭是第一等大事，于是八仙过海、各显其能，目的就是能把饭吃饱，能够赚一点钱。改革开放三十多年过去了，吃饭的问题基本解决，一些人也开始成为富豪，但如何拥有幸福又成了每一个人关心的话题。关于幸福不幸福的问题，绝不是有一点钱就可以解决的。一个人没有基本的物质生活很难幸福，但有了钱绝不意味着就可以幸福。除了物质的条件之外，影响一个人幸福不幸福的重要因素在于心灵和智慧，在于有没有一双慧眼看穿今天的是是非非、万花世界。

当今的时代，每一个人都面临激烈的竞争。很多人或者主动、或者被动，都不得已以各种形式卷入各式各样的竞争之中。即便是在竞争中取得成功，往往还没来得及品尝所谓成功的喜悦，就又要面临下一轮的竞争；失败了，就会陷于无休止的苦恼，不得不面对自身心理和社会的各种压力。除了竞争的压力，各种攀比、虚荣、妄求等，又把人折磨得心神不宁。当焦虑和烦恼成为生命的常客时，我们如何才能拥有快乐的心灵？这恐怕成了当今社会每一个人面临的问题。对此，庄子有一个故事，给我们启发很大。

在《庄子·逍遥游》中，庄子讲述了一个如何做到"无所待"的智慧。其中写到：北海有一种鱼叫"鲲"，身体之大，会当水击三千里；有朝一日忽然变成鹏，有遮天蔽日的翅膀，背负青天的气势，可以在九万里的高空翱翔。有人说，鹏这个鸟太自由了，可以无拘无束地飞翔；而庄子却不以为然：这种鸟固然能够高飞，却要依靠翅膀，如果没有翅膀，哪里有大鹏鸟的神气呢？又有人说列子能够乘风而飞行，几天几夜自由飞翔，真是逍遥极了！可庄子听后照样不以为然：因为列子的飞行都离不开风，如果没有了风，列子何来能飞？那么，我们不禁要问：怎么才能真正拥有快乐和逍遥呢？庄子指出：大鹏鸟不能离开翅膀；列子不能离开风，这都是"有所待"；"有所待"的意思就是有所期待和有所依靠的意思。而当一个人在有所期待、有所依靠的时候，不可能达到自由和逍遥的状态。一个真正的逍遥和自由，一定是"无所待"，所谓的"无所待"，就是一个人能够尽可能摆脱外在的依赖和束缚，自己把握自己的心灵。对此，庄子还提出了几种境界："圣人无己，神人无功，至人无名"。

具体到我们的人生，所谓的"有所待"，就是一个人将自己的幸福和快乐建立在别人对自己的肯定、认可上；或者将自己的幸福建立在外在的条件上，这种状态就是"有所待"。

一句话，"有所待"就是活给别人看，希望得到别人的肯定。这种"有所待"的状态并不是自由的状态，就像鸟不能离开翅膀、列子不能离开风一样。在我们现实中，很多人之所以痛苦和烦恼，就在于"有所待"。佛法说：有求皆苦；有的人将幸福建立在虚荣上，喜欢各种名牌，喜欢摆出各种样子给人看，结果是每天都活在别人的眼光里，将别人的羡慕和赞赏视为自己幸福的源泉。这种人其实生活得很累，喜欢攀比，喜欢名牌，这种人看似在各种光环之下，其实所谓光环之下掩饰不住的是寂寞空虚的灵魂。有的人喜欢权力，喜欢被别人吹捧和前呼后拥的感觉，将自己人生的自信建立在权力搭建的光环之下。其实，任何权力都是一把双刃剑，给你荣耀的同时，也给人烦恼和凶险。更何况，任何一个权力，都是身外之物，在特定的条件下，你可以拥有权力，在条件发生变化的时候，权力也会必然远离你。很多人由于存在对权力的迷恋，结果当失去权力的时候，那曾经的荣耀和前呼后拥，都早已经随风而去，昔日的热热闹闹，如今已是门可罗雀。很多人由于不适应这样的巨大变化，结果导致身体健康出现问题。还有的人离不开金钱，为了得到金钱，可以不惜一切代价，所有人类的良知、尊严和诚恳，都可以弃之不顾，结果呢？也许可能一时会得到金钱，但最终的结果往往身陷囹圄，往往风雨飘摇，等到尘埃落定的时候，才发现一切建立在名利之上的大厦，都会转瞬即逝。所有将人生的支点放在外部力量上的人，一旦外部的支点崩塌的时候，所谓虚荣的光环也会瞬间陨落。

所以，庄子"无所待"的思想是非常深刻的洞察，对我们怎么样生活的"自由和幸福"具有重要启迪和教益。"自由"这个词本就包含着秘密。所谓"自由"，其实就是"由自己"。当一个人真正自己作主的时候，才有快乐和自由；反之，一个人如果不"由自己"，而是活在别人的世界里，或者将幸福建立在外部的依赖上，最终必被其所累。人一定要生活得真实，一定要懂得什么真正值得追求，什么不过是浮云。否则，当一个人被虚名所累、被名利所累、被权力所累的时候，看似风光，其实那种内心的疲惫和挣扎，往往是这些人做梦都不能摆脱的梦魇。

当今很多年轻人的烦恼，其实多半是因为自己的"有所待"。考试取得高分，得到别人的赞扬就很幸福；穿上好衣服、用上好饰品，得到别人艳羡的目光，心里就很高兴；通过用心的装扮，大街上得到一些回头率，心中就很得意；诸如此类，都是将自己的幸福和快乐建立在外在认可和肯定的表现。殊不知，任何外在的肯定和认可，都不过是过眼烟云，都不过是应景的浮云；当一个人的快乐依赖于外在的认可而不是源于自己的心灵时，这种快乐就会随着外在环境的变化而起伏不定，变化无常。有一些学者，喜欢外在的各种名号，什么博导、教授、各种各样的专家等；当被授予这种称号时，就觉得很自得；当得不到所希望的荣誉时，心情就很沮丧。其实，一个人的学术成就和智慧与外在的各种称呼没有必然的联系，很多在常人看来很平常的人，往往思想很深刻，很有智慧；而有一些看起来很风光的人，却往往很愚蠢。在这一点上，苏轼的境界很值得我们学习。

宋神宗元丰三年（1080年），苏轼受累于"乌台诗案"而被贬到黄州。孟子曾经说：真正的大丈夫"贫贱不移，威武不屈"。这次磨难给了苏东坡许多人生的体悟。劫后余生的东坡对仕途、人生也有不一样的感受。刚被贬谪时，苏东坡叹息"长恨此身非我有，何时忘却营营"（《临江仙》），非常希望能"小舟从此逝，江海寄余生"（《临江仙》）。由此可见那种对人生的失望、无奈和痛苦。其得失之间的悲观情绪充盈于词句之中，甚至在《西江月》中发出："世事一场大梦，人生几度秋凉"的喟叹。三年的黄州谪居生活，同僚同事的厚待，淳朴村民的尊爱，给苏东坡很多心灵的抚慰。一个人，往往在心灵沉淀的时候，才会有更多的感悟；往往在大起大落之间，更易生一份冷静和达观。而《定风波》一词正好反映了这一点。在词的开头，苏轼交代：三月七日沙湖道中遇雨。雨具先去，同行皆狼狈，余独不觉。已而遂晴，故作此。意思是苏轼和一帮朋友聚会的时候，突然遇到下雨，同行的人由于没有准备感到非常狼狈；而苏轼却不以为然。词中写道：

莫听穿林打叶声，何妨吟啸且徐行。竹杖芒鞋轻胜马，谁怕，一蓑烟雨任平生。

料峭春风吹酒醒，微冷，山头斜照却相迎。回首向来萧瑟处，归去，也无风雨也无晴。

什么是"莫听穿林打叶声，何妨吟啸且徐行"？这恰恰反映了苏轼的境界。和苏轼同行的一些人，多半有点身份和地位，他们很在意自己的体面，当天空突然下雨的时候，由于没有准备，可以想见他们的那种慌乱和狼狈。一场雨打乱了他们的那种斯文和体面，那些活在斯文和体面中的人焉能不狼狈？而苏轼却不以为然。在经历了宦海沉浮之后，他早已看淡世态炎凉，对于世间所谓虚荣和浮华，也早已随风飘去。所以，"莫听穿林打叶声"，体现的是苏轼早已经把世间所谓的赞扬、体面、称誉视为浮云，当一个人真正能够倾听自己内在的智慧时，真正不被外在的名利和虚荣所左右时，才能做到"莫听穿林打叶声"。一个人也只有真正活出自己的时候，真正能够倾听心灵的召唤的时候，才能做到"何妨吟啸且徐行"；"吟啸徐行"，体现的是苏轼的自信、达观、智慧和冷静。词的最后，"也无风雨也无晴"，更体现了苏轼经历了宦海沉浮之后的体悟：世间也好，人生也好，无所谓得失，所谓的患得患失，无非是智慧不够罢了。如果人生遭遇苦难，何尝不是对人生的提醒和历练？所谓的成功，也不过是时节因缘，更不应该骄横自满。所以，一个真正有智慧的人，哪里有什么得失的分别？哪里有什么毁誉的算计？人生不过是一场修行，所有人生的经历，都是对自己的洗礼和考验，有了这样的觉悟，面对人生任何的境遇，都有一份感恩的心、承受的心，去勇敢地面对；用真诚和用心，对待人生的每一次考验！这就是"也无风雨也无晴"。可是，我们一般人，太多的计较，太多的算计，太多的患得患失！

当我们抱怨今天是一个竞争太激烈的时代，我们要说：哪一个时代没有竞争呢？有人说，这是一个生存压力空前加大的时代，我们又要问：哪一个时代的生存压力不大呢？因此，不要过多抱怨外在的东西给我们的烦恼，其实，一个人心灵是否快乐，更多地取决于自己！小的时候，一点星星点点的油灯，就可以照亮童年的作业本；现在如果停电了，人们还怎么过？小的时候，地里的野菜都觉得香甜，而现在吃的比以前好多了，却有更多的抱怨；只要心不满足，永远有苦恼！如果一个人真正拥有智慧，别人的赞扬、肯定和羡慕，真的那么重要吗？根本不是！

由此可见，"无所待"，绝对不是什么消极颓废，更不是没有什么追求，而是告诉人们要活得真实，追求真正有意义有价值的人生。一个觉悟者，不要生活在别人的世界里，要做自己心灵的主人。只要我们能够带着感恩的心、慈悲的心、正直的心、清净的心、宽容的心去生活，那么，人生的点点滴滴，秋月春花，哪一点不让我们拥有欣慰和快乐？"莫听穿林打叶声，何妨吟啸且徐行"！专注于自己该做的事情，做对社会、他人、个人都有益的事情，我们管不了别人怎么评论、怎么看待，我们只能尽可能管好自己。一个人不要有太多得失的心，一个人能否成功，取决于各种因素；有的时候努力了，因为条件不具备，可能事情的结果不如预期；有的时候，没用多大的努力，阴差阳错，往往顺心如意；所以，做任何事，都要积极认真，以尽可能的努力去付出，以入世的精神去工作；但对于结果如何，却不要过多地期待，不要有太多得失的心，用出世的精神面对得失；有这样的智慧，人人都可以拥有快乐的人生！

我们应该读什么书

我在不同的场合，遇到同样的问题：人一生到底应该读些什么书？这个问题，不仅是大学生在问，很多家长也在问，推而广之，这也是每一个人都需要关注的问题。古语云：人生的局面是，一命、二运、三风水、四积阴德、五读书。我们今天重点谈一下读书的问题。读好书不仅让我们提升境界，增加智慧，还会改变一个人的命运。

一个人究竟应该读些什么书？我们不能一概而论，但是，我们可以做出这样的分析：一个人的成长，首先需要的是一些基本素质，主要表现为拥有健全的人格和圆融的人生智慧。这些是任何人成长所必需的素质，凡是有助于培养这些素质的书，我们都应该自觉阅读。其次，一个人生活在世界上，还要参加工作，不同的人有不同的兴趣和爱好，这就需要每个人在读书的时候，除了一般需要阅读的人文素质的书之外，还要读一些专业的书，以提升自己的职业修养，学一个既能养活自己、照顾家庭又能服务社会的技能，这就因人而异了。我们在这里给读者朋友们介绍的是每一个人的成长都应该阅读的一些书。这些书为一个人的成长提供了基本营养，提供了一个人如何看待人生和社会的正确态度、思维方式，还提供了一个人如何处理好人生面临的各种关系的智慧。一句话，这些不管任何专业、行业的人都应该阅读的书，有助于读者朋友提升智慧和完善人格，而这些素质是任何一个人立在这个世界上的根本。无论一个人要从事什么行业和工作，要干一番什么样的事业，智慧和人格都是一个人立在世界上的根基，一个没有人格和智慧的人，断然不会成为一个为社会提供正能量的人。因为智慧决定了一个人能够有多大的能量，而人格则是引导人生的方向。能量和方向结合起来，才能保证人生走该走的路，做该做的事。那么，这些书到底是些什么书呢？

中国有一个成语：大浪淘沙，这完全可以运用到对书籍的选择上。所谓真正的好书，必定经得起历史的检验，必定在历史的大浪中间始终给人生启迪和引导。这些书和一般的技术类的书并不一样，因为所谓的技术总是和特定的时代需要相联系，随着时代环境的变化，在特定的时代环境下产生并适应特定时代环境需要的技术总是会被很快地淘汰，但是我们如何看待世界和人生的智慧，却永远不会过时，永远给我们指引和启迪。经过历史的洪流沉淀后的经典图书，往往超越了时代环境的限制，经历了大浪淘沙的洗礼，始终是我们成长的基本营养。这些书是我们必须阅读的经典。当然，每一个民族都给世界提供了这样的经典，我只是就中国文化的经典谈一点自己的看法。

在中国文化的长廊中，各种书籍可谓数不胜数。但是，针对这些书籍，我们可以打一个比方：如同一棵开花的树木，每年都有新的花开，开始鲜艳亮丽，但是也有落叶飘零的时候，也就是花期结束的时候；待到第二年的春暖花开，再一次迎接新的花开。当人们在欣赏花开的时候，我们不禁要问：是什么原因能够每年让我们看到花开？发达的根系和健硕的枝干才是最值得我们重视的根和源泉。在中国文化的长廊中，不同时代总有那么一些亮丽的文学家等，这如同每年的花开，但是我们要问：为什么这些闪亮的思想家、文学家等能够成为中国文化长廊的明星？这就是中国文化的根和源泉。简言之，构成中国文化之根的经典文本就是中国文化的基本元典，表现为儒家的四书五经，道家的老子、庄子，佛家的《六祖坛经》等。这些经典构成了中国文化的土壤和脉络，是中国文化能够自强不息、绵延不绝、人才辈出的生命源泉。限于篇幅，我们不可能在这里给大家作全方位详细的介绍，但是可以就这些文本的内容做一个简单的总结和描述。

所谓的元典，更多的是解决人生面临的根本问题。中国文化的这些典籍对于我们如何做一个真正意义的人，如何看待人与世界的关系，如何处理好人生面临的若干重大问题等，都有着重要价值。可以这样说，我们人生面临的很多永恒问题，中国的这些典籍都有过深刻的思考和回答。比如，对于人生的方向，儒家告诉我们"仁者，人也"。意思指一个人真正的目标应该是成为仁人，成为有修养、有智慧的真正意义的人，而不是生物意义的人。对于如何成为真正的大丈夫，成为真正的志士仁人，儒家的四书五经都有很好的说明，这对于我们的人格修养有极大的帮助。比如《论语》告诉我们，一个人活着应该有自己的使命，士不可以不弘毅，任重而道远。每一个人都是不完美的人，都有着各种各样的缺陷，所以吾日三省吾身，三人行，必有我师焉。当人面临各种考验的时候，要懂得君子忧道不忧贫，甚至要做到杀身成仁，舍生取义。这种精神对于中华民族的历史产生了重大影响，每每国家危难的时候，都有人挺身而出，这与儒家的教养有重要关系。在人际关系方面，孔子告诉我们仁者爱人，而不是极端自私和狭隘，和人打交道的时候，要懂得己所不欲，勿施于人。当自己取得好的发展时，要做到己欲立而立人，己欲达而达人。当一个人面临各种考验而萎靡不振的时候，孟子告诉我们天将降大任于斯人也，必先苦其心志，劳其筋骨，饿其体肤，空乏其身，行拂乱其所为，动心忍性，增益其所不能。就是说，任何一个有成就的人，无一不是经受若干的磨难，只有经历磨难的洗礼，才能真正让人成长，让人变得成熟、睿智，才真正有能力应对各种挑战。可以这样说，一个人经历多少的考验，承受多大的压力，才能够承担多大的责任。

比如道家，老子告诉我们江河处下而为百谷王，意思是一个人只有带着谦卑的姿态，勇于承认自己的不足，看到别人的长处，知人善任，海纳百川，才能吸纳人才，真正有所作为。老子认为一个真正的圣人，并没有自己特别的利益和想法，不会强求别人符合自己的意愿，相反，圣人无常心，以百姓之心为心，意思是伟大的圣贤都是以人民的意愿为自己的意愿,能够真正尊重人民的诉求和想法。针对社会中存在各种追逐和苦闷,庄子告诉我们一个人真正心灵的逍遥是"无所待"。也就是说,当一个人对一些外在的东西放不下的时候,就会在心中产生期待和执着,就患得患失,就会因放不下而痛苦。有的人很喜欢钱,没钱的时候烦恼痛苦,有钱了还会希望更多的钱,这是一个无休止的痛苦过程。有的人喜欢做官,没权力的时候希望拥有权力,拥有的时候希望更大的拥有,这更是一个苦海无边回头是岸的过程。所以,道家告诉我们要活出一个真实的人生,活出生命的真意义,而不是在对外的追逐中丧失生命的真我。

佛家则是对人生有更深的思考,佛家告诉我们人人心中都有成佛的可能,都有内在的智慧,可是我们每一个人在颠倒妄想中不断对外追逐,却忘记了反观心中本来就有的内在智慧,最终导致人生越来越苦恼,越来越丧失本来的意义,而且还会引发很多的纠结和痛苦。大家会发现,在现实中很多人看起来忙忙碌碌,但如果问他究竟忙的是什么?结果很多人在熙熙攘攘的背后,并不知道自己应该追求什么,生命的意义究竟是什么,结果是劳心费神,身心疲惫,而且在空前的压力面前惶恐不安,这种状态就是佛陀所指的颠倒妄想。正因为很多人不知道生命的意义,整天忙碌却不知道应该忙碌什么,整天追求却不知道真正应该追求什么,东求西求,却不知道生命的什么东西最珍贵。佛家看到人们的这个状态,看到各种颠倒妄想带给人们的苦难和折磨,希望通过智慧的引导培养人们的正知、正见、正行。

上面对一些经典的描述,只是极其简略的说明,大家从中可以发现,经典提供给我们的是人生永恒的智慧,无论我们生活在任何时代,这些教诲对于我们如何做人、如何处理好人们面临的各种关系、如何觉悟生命的意义和价值等问题,都有指导意义。可以说,这些典籍,都是真正大智者的深刻思考,这种思考超越了时空的限制,具有永久的价值,对于我们的智慧提升和心灵的安顿,永远都是甘露琼浆。大家如果希望领略圣贤的智慧,应该制定自己的阅读计划,看别人吃饭,不会解决自己的饥饿。

总之,人生应该阅读的书可以分为两类:一类是提供基本人文素养、有助于我们完善人格和启迪智慧的书，这些书应该是每一个国人都应该自觉阅读的书。另一类就是根据兴趣或者有助于实际工作的书。比如，一个人很喜欢艺术，甚至准备一辈子从事艺术的创作和研究，那就要多阅读和艺术相关的书籍；如果一个人喜欢法学、金融等，那就多阅读这方面的专业书籍。在如何阅读专业书籍的问题上，因人而异。当然，这是一个全球化的时代，各民族文化的交融已经成为我们不得不面对的现实境遇，因此，如果条件允许，大家也应该选择性地阅读其他民族的经典，这有助于我们海纳百川与开阔眼界，有助于培养我们的反思精神与学习精神。在全球化的时代，任何不尊重其他民族文化的思想和行为，我们都应该保持警惕。

当我们明白了人生应该读些什么书之后，就要根据自己的实际情况，安排出时间自觉地制定阅读规划，边阅读边思考，将对经典的阅读与处理人生面临的实际问题结合起来，这样自己就会有切实的收获。也有人反映，中国文化的经典并不容易阅读明白，感觉实际的收获没有预想的大。对此我就大家普遍问到的几个问题表达一些看法：其一，关于经典不容易读懂的问题。这其实是很正常的现象，除了文字的时空差异之外，真正的经典是几百年才出一个的大思想家的思考，他们穿越时空的智慧，不是任何一个人都可以轻易理解的。就像不是每一个德国人都能读懂康德一样，也不是每一个中国人都能读懂老庄。如何解决这个问题呢？我想可以阅读一些真正通透的大学者的导读书籍，比如南怀瑾先生，他是儒释道等兼通的大智者，他一生对中国的儒家道家佛家等经典图书有很多的解读，虽然是一家之言，但还是有相当的深度，值得参考。除此之外，多跟有修为的人学习，善于抓住每一个学习机会也很重要。第二，阅读经典图书时，不是为了虚荣来证明我读过什么书，而是真正为了提升智慧、净化心灵。因此，读书不要太快，更不是为了让别人知道我读了多少书，而是需要精读，就像品茶一样，沉下心来，让经典的智慧与人生的体悟结合起来，让每句话的智慧都可以滋润自己的心灵。只有这样，才能让自己在阅读中受益，而不是蜻蜓点水，浅尝辄止。

这样的阅读，我们不仅可以收获对人生的思考，让我们懂得如何面对人生的各种境遇，如何觉悟人生的方向和意义；而且还会让我们内心升起灵妙的智慧，用一双慧眼看世界、看人生。或许会有人问：智慧的双眼，是一双什么样的眼睛？大家不妨读读体会一下，如人饮水，冷暖自知。

宋太宗曾经专门整理出一些经典书籍，让大臣们阅读。他身体力行，身边的使臣觉得太辛劳了，希望太宗皇帝多休息。太宗告诉他们：我虽然很累，但一有时间，还是要尽可能看几页书，只要能够打开看，总是会有所收益。这就是开卷有益的典故。所以朋友们无论多忙，还是应该抽出一些时间，真正读几本好书；尤其是读圣贤书，当我们能够穿越时空，能够通过阅读向历史上的智者和真英雄请教和交流的时候，不是人生的一大快事吗？

君子务本

我曾读到当代佛教大德净慧禅师讲述的一个关于浙江温岭富豪的故事。有个大企业家,在出生的时候身体就不好,有先天的残疾,头上没有头发,而且头皮经常渗水,经常给人有点脏的感觉。等他到了上学的年龄,没有学校愿意接受他,家人、朋友也不是很喜欢他。后来,等他十多岁的时候,感觉总是要自己养活自己。由于没有文化,就只能干一些苦力活,赚一点生活费。即便是这样,和他一起干活的人都多少有点嫌弃他。没有办法,他自己办了一个修自行车的地摊,零星地通过给人修自行车做点营生。但是就这样一个人,有一个巨大的优点:那就是无论干什么,绝对尽最大的努力干好,无论和谁合作,都任劳任怨,与人为善,都尽可能地付出辛劳,而且很少计较得失。有人可能说:他这样的身体条件,不这样怎么办?错了!像他这样情况的人很多,恰恰有相当多的人自暴自弃,怨天尤人,有的人甚至利用人们的怜悯,在大街上靠乞讨和欺骗生活。但是,他绝不这样,尽管从小受冷落,但是他从没有放弃自己,从来都是无论干什么都绝对尽力做好。后来,在修自行车的时候,对需要修自行车的人又认真、又负责,而且价格又能比别人便宜一些。当车主在等修车的时候,他就免费地提供热水喝。就这样,名声越来越好,收入也越来越好,后来他以自己的勤劳和善良赢得了社会的认可,创办了几家大的企业,经营都很不错。中间的细节我就省去了,现在他是浙江温岭十大富豪之一,光名牌轿车都几十辆;而且他由于自己的经历特殊,对那些苦难的人有特别的同情,每年都拿出很多钱做慈善,做了很多公益事业。当很多身体健康的人在怨天尤人的时候,是否在这位企业家面前觉得惭愧?如果我们总结这个人成长的经历和成功的故事不难看出,尽管先天的条件很不好,没有受过正规的教育,但是,正是他对人生的那种负责,他对工作的那种尽心尽力,成全了他的人生,成全了他的辉煌和事业。

这位企业家成功的经历,给我们很多启发。现在有很多受过高等教育的人,先天条件很好的人,家庭条件也很好的人,却常常抱怨生活的不如意,抱怨社会的不公平;其实,人生的很多机会,正是在抱怨的过程中悄悄溜走。老子曾经说:天道无亲,常与善人。就是说天道并不是偏向谁,但是那些真诚、善良、愿意奉献的人,往往会得到青睐。其原因就是任何外在的机缘,都要通过个人来把握,如果自己不懂得珍惜,没有真正用行动抓住机会,最终再好的机会也会当面错过。

《中庸》上有一句话:故天之生物,必因其材而笃焉。意思是上天造就每一个人的时候,都给了这个人特别的东西,只要这个人懂得珍惜,人人都可以获得成功。换一句话说,人人心中都有一个亮点,找到这个亮点并发扬光大,就会生活得好。每一个人活在世界上都与众不同,像刚才提到的温岭的那个企业家,和别人比他哪里突出呢?那就是对待人生的那种态度,对待人的那种善良和诚恳,对待事业的那份敬业和责任,正是这些成就了他的人生。所以,我想告诉诸位朋友,人人都不要抱怨,每一个人都会有各自为社会服务的优势。什么是人生的机会?可以说,人生到处都是机会,上学的时候,读书就是机会;走到社会上,工作就是机会,和人打交道是一种机会,给别人做点事是一种机会;凡是把人生提供的每一个机会都好好珍惜的人,一定会一步步走向更好的方向。大家想一想:对于温岭的那个企业家,修自行车都是人生发达的机会,那么,还有什么工作不是机会?可惜的是,很多年轻人,好高骛远,在刚刚走上社会的时候,就对待遇、工作环境和条件,有超出自己实际的要求,做人不诚恳,做事不踏实,这怎么可能成功?种种不切实际的妄求之后,最终成为孤家寡人。

我又想起了袁隆平，他早年从事水稻杂交的研究时，就像蹲在地头上的一个农民，天天脑子里念叨的都是水稻品种改良问题。对于那个整天走在田间地头的农业科技工作者——袁隆平，你想过他后来的辉煌人生吗？现在多少农业大学的学生，自身就看不起农学专业，觉得考上农业大学就不是好大学，这是多可笑的想法。我还记得在我考上大学的那个夏天，当时高考录取率很低，考上本科都已经很不容易。当别人问我考上什么学校时，我告诉他们是师范学院，结果对方以安慰的口吻告诉我：师范专业也行。当时，我听了多少受点打击。其实，哪个专业不出人才？哪个学校不出人才？早年毛泽东毕业于湖南第一师范学校，用现在的教育体系来看，那就是中专。后来他到北京大学投奔他的老师杨昌济先生，当时北京大学的一些学生领袖如张国焘多少有些看不起他。可结果呢？就这样一个韶山冲走出的农民娃娃，成为近代史百年改天换地的人物。尽管毛泽东的一生有很多值得我们反省的地方，但是，谁也不能否认，他是一代伟人！

在《论语》中，有这样一句话：君子务本，本立而道生。君子务本，就是一个人无论从事什么样的工作，都一定诚恳善良地做人，都要老实本分地做事。人生有"本"有"末"，只要一个人懂得珍惜，踏踏实实地努力，总有一天所谓的地位、尊严、收入等，都会随着自己的发展而自然提高。没有待人和善、勤奋工作的"本"，也就不会有收入、尊严等这样的"末"。如果一个人不懂得务"本"，得陇望蜀，怨天尤人，任凭时光流走，便不会有什么发展。因此，一个人如果真懂得君子务本的道理，就会不管能力有多大，都要兢兢业业地尽自己的最大能力。我想，任何一个人，只要真正能够做到这一点，谁会不成功？

现在社会上确实有很多人过于急功近利，总想一夜之间改变命运，结果上当受骗的有，锒铛入狱的有，违法犯罪的有。世界上没有免费的午餐，一个人怎么样耕耘，就有什么样的收获，水到才能渠成！懂得这个道理，请朋友们把抱怨的时间用在改变自己的命运上，踏踏实实，做好本职工作，通过点点滴滴改变命运，人人可以拥有精彩的人生！

无欲则刚

欲望既是人生不得不面对的问题，恐怕也是最让人纠结的问题。如何正确看待人的欲望，不仅关系到我们的幸福感，而且对我们的人生道路都会产生重要影响。

在《论语》中，讲述了孔子和学生的一段对话：有一天，孔子说："吾未见刚者。"意思说我还没有见过真正刚直不阿的人。这个时候有学生回答说："申枨应该可以。"孔子听了马上说："枨也欲，焉得刚！"夫子的意思是申枨这个人欲望太多，怎么可能具备刚直不阿的品格呢？后来人们根据这一段对话，引申出一个成语"无欲则刚"。对于这个成语，平常人很多都在说，但果真能领会其中的智慧吗？

谈到欲望，不仅是"枨也欲"，坦率地说，人人都有欲望。在中国传统的环境中，我们的文化更多赞扬的是那些具备君子品格的人，而对欲望则是采取了贬斥的态度。这就造成了这样的一种环境：一方面，人人都要说一套冠冕堂皇的话，都要讲求仁义道德，而且不讲这一套话语体系就无法被社会认可，就没有办法进入更好的发展空间。可是，另一方面，人们不谈欲望，不代表没有欲望；而且欲望在压抑之后，可能更加强烈。于是，就出现了鲁迅先生批评的一些伪善：满嘴的都是些仁义道德，可是肚子里却是男盗女娼。如果大家关注新闻，会发现现实中不少这样的人。没有锒铛入狱之前，衣冠楚楚，冠冕堂皇，经常讲些为人民服务的政治口号，可是在背后却做了很多龌龊的事情。等到东窗事发，人们才恍然大悟：原来如此。因此，对于欲望，不要回避，也回避不了，如果我们不直面欲望，反而给了欲望以藏污纳垢之场所。我们常说：如果希望防止权力腐败，就要将其放置在阳光下运行，对于欲望也是如此。把欲望的本质说出来，看清楚，这样欲望兴风作浪的机会反而减少。

那么，人的欲望是什么东西？究竟有哪些欲望呢？直白地说，欲望源于人的需要，当人们对一种需要形成依赖的时候，不能满足就会身心痛苦，这个时候，这种需要就成了欲望。比如，我们有吃饭的需要，但一定要吃山珍海味，这就是欲望；比如，人有穿衣服的需求，但不是名牌不穿，价格低的不穿，这就是欲望。如果我们对欲望做一个简单的概括，大致分为以下几类：

一类是物质方面的欲望。比如，有的人很喜欢钱，为了得到钱可以不择手段，可以丧心病狂。有的人喜欢物质享受，穷奢极欲。这个时候，他对物质财富的依赖已经相当深了，或者说他的幸福就来自物质财富能否得到满足。这种人在我们身边比比皆是。我们常说的守财奴，其实就是对物质财富的沉溺。

一类是对名誉的欲望。比如，有的人特别喜欢虚名，喜欢被人称呼为专家、教授。这种人喜欢戴在头上的各种光环，每增加一个光环，就能满足心灵的虚荣一分。有时一个人的真实水平和外在的光环没有直接联系，所以我们才说盛名之下，其实难副，但是这种人就喜欢那种沉浸在各种虚名之中的快乐。很多年轻学生也是这样，喜欢各种光环、荣誉，喜欢别人的赞扬，沉浸在各种华而不实的虚名中自我欣赏。

一类是身体的欲望。比如，小孩到了青春期，身体就发育，激素就会发生变化，心里也会接着发生变化，少女怀春也好，男孩子冲动也好，都是身体欲望的表现。对于这一点，我们也要正视。无论是历史上，还是现实中，多少人沉浸在满足身体欲望的过程中，不能自拔，最后不仅身体出了问题，甚至会导致身败名裂。

对于人们的欲望，佛教曾经概括为财、色、名、食、睡，对这些的过度依赖，都是人们欲望的外在表现。

那么，我们应该怎么看待这些欲望呢？

对于物质财富，我想说：人活一世，不能颠倒财富与人的关系，人不是为了财富而活着，相反，财富是为了人的幸福服务。如果一个人做了财富的奴隶，颠倒了财富和人生的关系，是一件既愚蠢又可悲的事情。有人这样比喻：财富是水。如果一个人有一碗水，那就自己喝；如果有一桶水，可以一家人喝；如果是一河水，一定要让大家分享。如果一个人拥有一河水，还放在家里，就会把家庭淹没。这虽是个比喻，却很有道理。在怎么才能拥有财富、怎么样使用财富的问题上，确实能够体现一个人的大智慧。

在如何拥有更多财富的问题上，虽然原因很多，甚至包括一些偶然性的因素，但成功有自己的法则，一个人有多大能力，能给社会、他人创造多大价值，就会有多高的身价。因此，想生活得好，一定要提高自己，当自己有足够的能力帮助别人的时候，就会有多大的成功！没有实力的时候，一个人不要妄想！很多人在渴望拥有财富时，往往颠倒因果关系。一个人能够以自己的实力和勤奋，给社会、他人创造财富、带来价值是"因"，一个人在服务社会的过程中得到的回报是"果"。因此，当一个人没有能力、没有真正给社会创造价值的时候，也一定不可能拥有财富。

财富作为实现人生价值的工具，很多杰出人物的做法值得我们学习。比尔·盖茨是世界级的富豪，这是举世公认的事实。但是，他非常清楚地告诉世人：我的所有财富都来自社会，我也会分文不留地还给社会，我不会把财富当作个人的遗产。他拿出大量的美元去帮助非洲的穷人、帮助全球艾滋病防治等；这种人就是拥有大智慧的人，拥有正确的财富观，知道财富不过是实现人生理想和价值的手段，而不是让自己成为财富的奴隶。财富的实质就是工具，是人们实现理想和价值的工具；财富只有发挥了它的作用，才起到了拥有财富的意义。大家知道清代的和珅，都知道他是贪官，拥有的财富可谓富可敌国。可是，一朝梦碎，悬梁自尽后，他所谓的财富不过是成全了嘉庆皇帝的政绩。北京皇城由明代朱棣皇帝主持修建，皇城的气势可谓恢弘壮阔，朱家修建紫禁城的时候，是否意识到这是给谁修建呢？

当大明王朝成为历史之后，紫禁城也是几易主人，这些恐怕是当时修建的人所未曾想到的。所以，大家要做财富的主人，不要做财富的奴隶。财富是实现人生价值的手段，而不是要人做一个守财奴。在如何对待财富的问题上，佛教的智慧值得我们学习。

在一般人看来，佛家讲求修持，怎么可能追求财富？其实这是误解。在《大藏经》中，有一部《维摩诘经》，其中讲的就是维摩诘大居士的智慧。维摩诘居士牛羊成群，豪宅成片，侍从众多，可是维摩诘身边有财富，心里却没有财富。他赚取财富，拥有财富，无非是为了救度众生的方便，可以更好地布施和接济别人，在这种情况下，一个人拥有的财富越多越好。因为，对于一个觉悟的人，自己知道拥有财富是为了什么，知道应该怎么样运用财富，心中绝不会成为财富的奴隶，这种觉悟者财富越多，越能够让更多的人受益。因此，我们也要学维摩诘，可以大胆地追求财富，拥有财富，但是这种拥有绝不是做守财奴，更不是为了满足自己的个人享受，而是可以更好地给众生服务、给社会服务。只有这样，财富才是真正的财富。否则，一个心胸狭窄的人，一个迷恋财富的人，为了得到财富，可以不惜一切代价，这种人拥有财富的每一步都可能沾满罪恶，最终，财富也成了个人的墓地。

对于名利等虚幻的欲望，我想说：一个真正有智慧的人，一定要找到真正有意义的事情来做，一定要真正善于领悟事情的实质。比如，很多人喜欢各种头衔，其实，这种头衔不过是一张纸、一张口；虚名不仅不代表一个人真实的智慧和水平；相反，如果这些人沉浸在虚名中自娱自乐，最终误了人生大好时光。大家看庄子、孔子、老子，这些人在当时都可谓"落寞"的人，并不是政治舞台的中心。晚年的老子甚至西游出函谷关，以表示对当时乱局的失望。可是，我们今天回过头来再看，那些所谓舞台中心的人物，很多都已经身死人手被天下笑，很多所谓的达官贵人，可能连名字都不被人知道。而这些看起来落寞的圣贤，却因为自己的智慧和远见，给中华民族乃至整个人类留下了宝贵的精神财富，永远成了人类文化史上的丰碑。当一个人真正懂得这个道理的时候，就不要太过于执着于名利，而是沉下心来踏踏实实地做点事情，真正实现自己的人生价值和理想，真正给社会做点事，这些实实在在的功绩才是最重要的，这是一个人真正留给自己、家庭和社会的一份经得起检验的珍贵遗产。一个人有了这样的觉悟，自然也会实至名归，而不是浪得虚名！

对于身体的欲望，我想说：任何一个人，都没有办法回避，儒家说饮食男女，人之大欲存焉；道家说吾之大患，在于有身。身体的欲望是一个客观存在，问题是我们怎么看待人的欲望。人的欲望，其实有两个层面：一是心理的层面，表现为一种需求；再就是物质的层面，表现为身体的冲动。就像毒品，很多人吸毒之后，身体产生依赖；但当戒毒时，身体虽已没有依赖毒品了，但是这个人的心里依然放不下毒品。再比如一个人失恋之后，精神萎靡，心里非常痛苦。实际上，并不是一个人离开了曾经的恋人就无法生活，心脏就不正常工作，完全不是这样。那为什么如此痛苦呢？就是因为心中放不下。所以，对待身体的欲望，我们要从身体需要和心理需要两个层面来看。那么，我们怎么来看待身体的欲望呢？

首先，我们要明白一个人生命的真实意义是什么。孟子曾经有一个说法：人和禽兽的区别很少，但是一个真正的君子却可以把人和动物的区别保留下来；而小人则是把人和动物的区别丢掉了。一个能够把人和动物的区别保留下来的人，才是真正的人，才是一个在一定程度上超越了动物性的人。反之，如果一个人，把人和动物的区别给丢掉了，那么，这个人就不能称之为真正意义人。因此，我们就能够明白一个成语的含义——"衣冠禽兽"。在现实中，却有一些人将自己降低为禽兽，纸醉金迷也好，灯红酒绿也好，没有真正把人的光辉和价值发挥出来。

其次，对于身体的欲望，切记不要沉溺；否则，不仅会迷失人生应该的方向，而且还会损害人的身体。我看到这样一个案例：有一个中医医师在坐诊的时候，遇到一个病人，大约三十多岁，向中医询问自己的糖尿病有无治愈的可能性。这个时候医生发现病人身边有一个妖艳的女性，于是医生大约明白了二者的关系，于是要求这个女性暂时离开诊室，要单独给这个病人谈谈病情。当这个妖艳女性离开后,医生问他:这是你的爱人吗?病人不好意思回答。医生说:哦,如果你希望把这个病治好,请断绝你这样的生活方式,否则,这个病很难好转。听到这样的建议,病人很惊讶,问道:那我赚钱干什么呢?医生听了叹息一声,你如果不能改变你的生活方式,此病只会越来越严重。医生还告诉他:糖尿病从表现上看是尿糖,实际上则是胰腺(脾脏)的能力下降,脾脏是人的后天之本,如果这个脏器不能好好保护,人的生命只会越来越萎缩。这种因为宣泄欲望而对身体脏器的过度透支,只会让身体的脏器越来越差,功能越来越弱化,最终会导致无药可治。后来据说这个病人由于不断放纵自己,结果出现了脑血管堵塞和下体截肢的悲剧。到了这个时候,所谓的企业也因经营不善而倒闭;身边妖艳的女人早已经寻求另一个"下家"了。客观地说,一个普通人,不可能没有欲望,但是如果一味放纵自己,必然会损害身体的健康,此之谓"逸豫可以亡身"。

  我也接触到这样的一个例子:有一位同学给我写信,告诉我他有手淫的习惯,由于过于频繁导致身体经常出汗,晚上容易做噩梦,听力明显下降,注意力不能集中,腰酸背痛的症状也开始明显起来。如果大家懂一点中医,就知道这是身体亏损的明显症状。如果不能纠正这种行为,会引发严重的后果。他的苦恼在于明明知道这样对身体很不好,学习成绩明显下降,可是,就是管不住自己。往往是刚节制几天,又要发泄一通,结果导致更糟的情况。这种持续反复的情况,导致身心疲惫,苦不堪言。我想,他的问题,在很多人身上都不同程度地存在。我当时告诉他:首先,要把自己的行为看作可以理解的行为,否则天天自责,自责得已经不能正确地思维,这已经有些病态了。不应沉浸在忏悔和自责中不能自拔,而是要面向未来,活出一个崭新的自己。但是,由于自己已经有了这样的依赖,那就正视这种存在,慢慢改变。比如,能不能每天改为每周;每周改为每月,诸如此类;这样做,一方面是在走向好的方向;另一方面,也不会控制几天反而出现更严重的反复。已经知道这样不好,那就慢慢地改,一点点地改,只要走在希望的路上,我们就要感到欣喜。否则,一味地指责和辱骂,不仅不能解决问题,还会导致事情更糟。同时，我还给他提出了这样的建议：一是读好书，多读圣贤书，这样就会在心灵深处种下光亮的种子；二是多交好友，交有理想、有抱负的朋友，谈笑有鸿儒，往来无白丁，这样就会有好环境的熏染；三是树立正面的理想，做人生真正有意义的事。这样就可以转移自己的注意力，而不是天天沉溺在身体的欲望中。所以，一个人虽然不能完全回避欲望，但是也绝不可沉溺欲望，一定要会节制自己，要懂得人生有很多事情要做，要会把身体的能量引导到创造人生辉煌的道路上。其实，早在两千多年之前，先哲就告诉我们要"少私寡欲"，要懂得"养心莫善于寡欲"。有的人以为这是对人性的压抑，其实不是。我们既要正视人的欲望，也要知道如何驾驭和节制。否则，人的能量是一个有限的值，并非可以无限地攫取；当一个人把身体的能量过多用在风花雪月的时候，人生的功业就很难建立；而且，当一个人的能量被大量消耗的时候，最终人生也会很快灯尽油枯，真到了生命烛光摇曳欲灭的时候，恐怕什么都悔之晚矣。

有的人曾经把欲望视为魔鬼和洪水猛兽；有的人则视欲望为人生全部的意义，不断地寻求各种刺激；其实，欲望不过是人的一种需求而已，既不要将其妖魔化，也不要鼓吹沉湎于欲望。一个被欲望俘虏的人，不仅会迷失生命本来的意义，而且当欲望蒙蔽人的心智时，一个人就会丧失正确的判断，就会变得愚蠢。

回到文章开始提出的问题，孔子为什么说"无欲则刚"？当一个人成为欲望的奴隶时，别人就会投其所好，自己就会放松警惕而被别人控制。多少贪官，就是因为放不下对金钱的迷恋、美色的迷恋，结果被人抓住把柄，最终身陷囹圄，一朝梦醒的时候，恐怕已经"欲语泪双流"。所以，当一个人欲望很多的时候，就会给人很多把柄，就容易被人控制和利用，这种人怎么可能坚持原则？怎么可能担起道义？俗话说：心到无求品自高。所以，一个人如果被人利用和陷害，一定要反思自己，多半是因为自己的贪心私欲，给了别人利用和控制的机会！在骂别人设局的时候，要反问自己：为什么自己会上当呢？还是孔子的话：无欲则刚！

"内圣外王"
——从"小我"到"大我"

在《大学》这部书中,有一句话"自天子以至于庶民,壹是皆修身为本"。意思是任何一个人,不管身份和地位有什么差别,修身都是立在社会上的根本。我们如果考察社会上形形色色治乱兴衰的人或者事,都可以得出这样的结论:一个人之所以失败,会有各种原因,总起来就是个人原因与外在环境两大类。就这二者的关系而言,一个人之所以遭受挫折的最根本原因则是个人的素养和智慧不够。因为,即便是同样的外在环境,有的人可以飞黄腾达,有的人则是穷途末路,归根结底则是人的素质使然。所以,《大学》告诉人们,一个人有多大的能力,做多大的事业,无论是谁,无论是从事什么行业,一定要从修身开始,只有让自己变得强大,才有实力接受更多的考验。

中国文化的这个智慧,在《庄子》这部书里则将其概括为"内圣外王"。翻译成现代汉语:做人理想的境界就是内圣与外王结合起来;内圣,就是在内心以圣人的标准要求自己,对家国天下,都负有一种责任,能够放下名缰利锁,能够抵制各种诱惑,经受各种考验;外王,就是担当起大丈夫的责任,无论是立功、立德,还是立言,都要于国于民大有裨益。庄子为什么将"内圣"与"外王"结合起来呢?因为一个人只有首先是内圣的时候,才能放下心中的"小我",才能不为自己的那个自私、贪欲所困扰,才能看淡名利,才能意志高远，经受各种考验。也只有在内圣的状态下，一个人才能将自己的身心放在为国为民的事业中，才能不畏浮云遮望眼，只缘身在最高层。反之，如果一个人心中都是些自私、欲望、算计和利害，这样的人只会为自己的"小我"打拼，只会算计自己的小利益，怎么可能为国为民做成一番大事呢？因此，有了内圣的境界，才有能力从事外王的事业，这就是我们常说的厚德方能载物；反之，如果内圣的功夫做不到家，内心里充满着各种贪欲，那么一旦面临考验的时候，就难免会失足而成千古恨。

没有内圣的境界，外王的事业也容易折戟沉沙。袁世凯，中国近代历史上的风云人物，他的一生可以为我们提供很多思考和教训。凡是有一点历史常识的人都知道，袁世凯在晚清时代变局中所得的机会，可谓千载难逢。作为民国的第一位正式大总统，如果他好好珍惜，甚至有成为中国的华盛顿的可能。可是，人最怕的就是利令智昏，权令智昏，袁世凯偏偏逆历史潮流不顾，公然背离民主共和的大潮，非要当皇帝。袁世凯走上自我毁灭的绝路，自然有各种原因，有客观的背景，也有袁世凯身边各怀心思的小人怂恿，但相当的责任还是缘于袁世凯的修养和智慧不够。

对袁世凯称帝的野心，他的二儿子袁克文却非常忧虑。不仅如此，袁克文甚至还写了两首警醒袁世凯的诗，意境和用词上佳：

乍得微棉强自胜，古台荒槛一凭陵。波飞太液心无住，云起魔崖梦欲腾。
偶向远林闻怨笛，独临灵室转明灯。绝怜高处多风雨，莫到琼楼最上层。

尤其是诗的最后两句：绝怜高处多风雨，莫到琼楼最上层，实际上很明确地告诉袁世凯，要懂得亢龙有悔的道理，身为大总统已经是备受尊荣，如果非要"黄袍加身"，恐怕会有大祸临头。可惜的是，袁世凯已经被称帝的想法所控制，满脑袋都是帝王将相，头脑一时发热，什么功成身退，什么高处不胜寒等，早已经无从顾及了。所以，人一旦头脑发昏，恐怕任何好的建议都听不进去，须引起我们的警惕。袁克文还有一首劝诫袁

直面人生的困惑

世凯的诗：

> 小院西风向晚晴，嚣嚣恩怨未分明。
> 南回孤雁掩寒月，东去骄风动九城。
> 驹隙去留争一瞬，蛰声吹梦欲三更。
> 山泉绕屋知深浅，微念沧波感不平。

袁克文是民国著名的富家公子，吃喝玩乐，章台走马，千金买笑，可是就这个公子哥都知道当时的情势复杂，危机四伏，难道一个乱世中走出的一代枭雄袁世凯看不清形势吗？这就是阅读历史值得玩味的地方。一个人一旦心中只有"小我"的得失与算计，一旦欲望蒙蔽了理智，就会失去胸怀和判断力。如果从深的层次看，近代以来，中华民族追求民主自由、民主共和已经成为浩浩荡荡的历史潮流，顺之则昌，逆之则亡，而袁世凯虽生活在民主共和的时代，实则为头戴红缨子的旧官僚，满脑子都是帝王将相。在这样的传统官僚心中，既没有体认世界大势的觉悟，也没有中国文化"水满则溢，月盈则亏"的智慧，最终在称帝之后，四面楚歌，反声四起，落一个忧惧而死，岂不冤哉！可这又怪谁呢？袁世凯心中已经被皇帝的迷梦占满，什么世界大势、人类潮流，一则不懂得，二则也不在袁世凯的价值观考量之内。利令智昏的结局，就是称帝之日也是宣告政治生命死亡的那一天。当我们阅读民国历史的时候，不免一声叹息，袁世凯具备成为像华盛顿那样的机会，可是，无论人格、格局还是智慧，都使得其成为站在民国时代的旧官僚。品读历史，有的人一生都没有机会，却勉为其难；而有的人，则是机会奉上门来，却不知道如何把握。

我们再看另外一个让人钦佩敬仰的例子——周恩来。周恩来早在十二岁的时候，就立下誓愿"为中华之崛起而读书"。据历史记载，当时很多小朋友在回答为什么读书的时候，都是发财、赚钱与当大官；可周恩来却大声说"为中华之崛起而读书"。从这句话，我们就可以看出一个人在超越"小我"之后的格局。后来，周恩来用自己的一生证明了自己的誓言。八一南昌起义时，他可谓孤胆英雄，置生死于度外；遵义会议之时，为共产党的未来考量勇于让出自己的位置；抗日战争时，在多种政治力量中间游刃有余，为民族大义披肝沥胆；解放后，可谓鞠躬尽瘁，死而后已。我们在读周恩来的传记时，不禁肃然起敬。可以说，他把自己的一生都交给了这个国家，他一生都在为这个国家奉献心血，最终成就了一代伟人。我们如果分析袁世凯和周恩来的例子，就可以得出：一个人，只有自己的境界和格局达到一定的高度，才能真正放下对"小我"的算计，才能真正放下自己的小利益，真诚地为了家国天下的大利益打拼；这其实就是《庄子》讲的"内圣外王之境"。

如果我们继续追问，一个人如何才能从内圣的境界做起最终实现外王的功业呢？中国文化为我们提供了宝贵的智慧。在《大学》这一部书中，讲述了一个人如何通过"格物""致知""诚意""正心"做起，最终实现"修身""齐家""治国""平天下"的目标。可以说，《大学》提出的人生修养"八条目"，生动体现了"内圣外王之道"，揭示了如何由"小我"成就"大我"的修养道路。如果我们综合中国文化各家的说法，就会发现在如何内圣外王的问题上，有如下值得我们借鉴的智慧：

首先，人生的第一要务是明志，即要明白自己的责任和使命。孔子说：士不可不弘毅，任重而道远。意思说，一个真正的君子，应该把弘扬道义当作人生的目标和不可推卸的责任，无论遇到多少的困难，都要矢志不移。孟子也说，作为一个人，一定要明人禽之分，知道人和禽兽不同，活出真正人的尊严和价值。毛泽东早年在湖南第一师范学校读书时，杨昌济老师上的第一堂课就是"立志"。做人贵在有大志，能够在心灵深处涌起一种责任和使命，真心希望自己不枉活一生。立志为人生的第一件大事，一个人只有立了志向，才知道自己应该怎么活，才能有所奋斗的目标。可惜的是，我们很多年轻人，二十多岁了都还是浑浑噩噩，更有一些人，一生都是无所事事，碌碌无为，不知道自己的责任和担当，更不知道自己的使命所在。一些人，尽管能够考得好成绩，拿到各种证书，这不过是一种被安排的人生，并没有真正觉悟到自己生命的意义和价值。

其次，一个人要完成一番大事业，一定要从修身做起。因为社会某种程度上就是一个江湖，各种资讯、各种利益、各种价值立场的冲突等，都会对人生造成各种各样的干扰；生命从来到这个世界开始，其实就是开始了一场没有间断的修行，这个过程会面临无数的考验和挫败。如果一个人的人格、智慧、境界有了问题，根本无法通过无数的考验，可能在某一个人生的节点上就败下阵来。可以说，人生的这场修行，永远没有刀枪入库、马放南山的时候，永远都要时时检点自己，磨练自己，反省和提高自己。如果检阅历史，会发现很多盖世的英雄，多半都是因为自己的缺陷而遗憾终生，正因为如此，我们永远把修养自身当作人生的必修课，念兹在兹，这是成就事业的根本！

再次，在如何提高自己的修养上，可以分为不同的阶段。当一个人还缺少定力、还很难抗拒诱惑的时候，那就要学习孔子的教诲：非礼勿视，非礼勿听，非礼勿言，非礼勿动。因为，当一个人心中还有很多欲望的时候，一旦这些欲望被点燃，人生就不能自控。在这种情况下，一个人如果希望少犯错误，就要少去一些有诱惑的场合，免得身不由己。我曾经看过一则新华社发的稿件：某一位高官，很年轻的时候就登上高位。后来，地产商利用金钱美色诱惑这个高官，使其成为谋取个人利益的工具。根据这个高官向纪委写的《忏悔录》交代，开始的时候，地产商邀请他去高档的娱乐场所玩乐。起初，还觉得心中有愧，觉得对不起家人、对不起自己良心等。可是，去了几次之后，竟然天天希望去那种场合，最终锒铛入狱。可见，孔子的非礼勿视、非礼勿言、非礼勿听、非礼勿动的教诲非常重要。当我们的心灵还不纯净的时候，就要尽可能避免新的污染，就要尽可能让自己的心少受诱惑。我们成长的过程中，都有这样的体会：欲望无边。一旦欲望的盒子被打开，就会带人走入无边的苦海而不能回头。因此，我们不能无视人的欲望，但一定要懂得节制和自律。少接触诱惑，就少一分犯错误的机会。

当一个人真正具有定力的时候，如柳下惠的"坐怀不乱"，到了这个境界，就可以不惧风浪，就能够更好地自我约束了。如果再进一步，当一个人心中完全干净的时候，那就海阔天空任我飞。记得看过有一则关于虚云老和尚讲如何修行的故事，对于我们修养身心很有启发：

有人问，修行的初始，是什么境界？老和尚答：信步入荒原，忘却长安路。所谓的长安，意思是指繁华之地。老和尚的意思就是一个人刚开始修行的时候，还有很多欲望，那就需要置身清净的地方，免得受各种干扰。

别人又问老和尚：更进一步呢？老和尚回答：百花丛中过，片叶不沾身。意思是，当一个人心中有了定力之后，即便是信步江湖，都不会受到干扰，都会始终保持自己的那份清净。

别人又问：更进一步呢？老和尚说了四个字：信奉受行。意思是一个真正大觉悟的人，就没有任何花言巧语，抛除了加在生命之外的各种浮华和虚荣，从而生活得最真实，这恰恰是真正觉悟的状态。"信"就是对真理毫无怀疑，因为真理就在心中；"奉"就是把真理当作自己行为的指南；"受"就是受用，意思是一个真正觉悟的人，可以身心自在，感受到领悟真理带来的清凉妙味；"行"，就是知行合一。

对于内圣外王之道，《道德经》也有很好的说明。对于如何内圣，老子说：为道日损，损之又损，以至于无为。意思说一个人在求道成圣的过程中，一定不断地减除内心的欲望，这个过程就是日损的过程。一旦一个人心灵纯净的时候，就是"无为"的状态。很多人对无为存在误解，认为道家是一种非常消极的思想，其实这是很无知的见解。所谓的"无为"，就是一个人心中消除了妄想的状态，这个状态中的人不再是为了自己的一点小利益活着，也正是这个状态，一个人的心中才能升起大我的格局，才能真正为了众生的利益而无所不为。对于真正内圣的人，老子又说"圣人无常心，以百姓之心为心"。意思是一个真正觉悟的人，并没有自己的利益和算计，他一切的出发点是为了众生的利益，所以是"以百姓之心为心"，用我们当下都理解的话，就是真正做到"全心全意为人民服务"。一个真正能够超越小我的人，才能做到将此身心奉献给社会。

此外，一个人要做成一番事业，除了拥有仁爱天下的"大我"情怀，还需要智慧的提升，需要有迎接各种挑战的能力，有会当凌绝顶的远见和舍我其谁的勇气，有坚忍不拔的意志和海纳百川的胸怀，有持之以恒的耐力和顺时而变的自觉。

懂得了内圣外王的道理，一个真正有抱负的人，就要先从修养自身做起，从"小我"走向"大我"，放眼世界，心怀天下，为做一番事业打下基础，不惧任何挑战和考验。所谓"内圣外王"，从内圣的角度看，心灵清净而无沾染，从外王的角度看，以无为的心，做有为的事业，潇潇洒洒，随缘起落，不辜负时代的重托，交一份人生圆满的答卷。

"随遇而安"

我曾遇到这样一个学生：他就读于某重点大学，在2011年大学毕业后，找到一家大公司，月薪五千元左右，这在当时对于一个刚毕业的大学生，已经是很不错的月薪。但在工作的时候，他并不满意。他觉得在公司工作不如公务员那样稳定有尊严，没过多久就辞职不干了。辞职后又无所事事，想来想去决定考研究生，但在选择专业的时候，并不结合自己的实际和兴趣、专长，而是一定要考让人们羡慕的所谓最好的学校和专业，最终考试也屡屡受挫。毕业几年后，他的同学一个个都步入正轨，都在不同的岗位上有了各自的发展，而他本人还在不断地犹豫、徘徊和患得患失。有一年春天，我突然收到了他的短信，其中诉说了他面临的痛苦，希望我能给他一点建议。我了解到他的状态之后，告诉他：你最大的问题，就是不断地攀比，从来不懂得珍惜生活赋予你的机会，根本不知道自己是干什么的，也不知道自己究竟要的是什么。我还告诉他，当一个人心不踏实的时候，做事也会不踏实，自然不会干成任何事业。你要明白生命中的很多境遇，并不是你想要什么就有什么，而往往是生活给了你什么机遇，就要懂得好好珍惜，一句话，做人做事要"随遇而安"。

随遇而安，看起来很简单，其实包含着大智慧。人的一生，并不会完全符合自己的意愿，也不会是我们希望拥有什么，就会来什么。相反，有的时候，我们希望的却离我们很遥远；我们不希望什么却往往不期而遇。而一个真正强大的人，不管生活中遇到什么境遇，都能带着感恩的心去珍惜、把握机会，而不是在怨天尤人中一再错过。这种态度就是随遇而安。

"随遇而安"中的"安"，是指身心都能够"安"住当下，珍惜生活给予的机会，而不是患得患失，怨天尤人。我曾经看过某一家电视台关于书法家欧阳中石的访谈，中石先生早年毕业于北京大学，可以说是新中国成立初期真正的高材生。按说当时人才奇缺，他又是北大毕业，那应该有很好的工作。其实不然，由于种种错过和误会，他被分到了北京通州一个普通的中学。这在当时对于一个北大毕业的学生而言，并不算一个多么好的工作。面对理想和现实的巨大落差，不管你喜欢不喜欢，接受不接受，事实就是如此，而且绝不会因为你的情绪而发生变化。那么，摆在欧阳中石面前的问题就是"怎么办"？据欧阳中石自述，他当时固然有失落，有苦闷和无奈。但是很快就调整了情绪，认真地做一个中学老师。记者问他为什么很快就调整好了情绪？欧阳中石回答：做人，一定要随遇而安。

看起来是一个平常的回答，仔细品味起来，意味深长。因为，新中国成立后的国际国内大势，非欧阳中石一个大学毕业生所能影响。当政治大潮到来的时候，他所能做的只能是在所提供的客观环境中做好自己。推而广之，任何一个人的时代境遇，都没有能力决定世界的变迁，没有能力左右社会的变革，甚至不能改变人生突如其来的变故。生命中遇到的很多人或者事情，我们都不得不接受。尽管我们强调自己把握自己的命运，但客观的环境非我们所决定和掌控，所谓的自己把握自己的命运，是指在客观环境面前采取正确的态度和行为方式。"随遇而安"的智慧告诉我们，既然人生的很多事情由不得我们选择与决定，那么，我们就应该好好地调整心情，不管人生面对什么，都带着一份感恩、诚恳和认真来对待，都尽可能把该做的做好，力所能及。后来，欧阳中石由于工作突出，加上书法上的成就，调入首都师范大学工作。在首师大，他又组建了我国高校第一个书法研究中心，现在欧阳先生已经成为大名鼎鼎的书法家和书法教育家，取得了有目共睹的成就。但是，如果真正拨开著名书法家光环背后的智慧，会发现他能够随遇而安的人生哲学，怀有不管在什么岗位上都能尽可能做好的诚恳，促就了他后来的成功。

邓小平也是一个真正懂得随遇而安的大政治家。在1956年召开中共八次代表大会上，邓小平被选举为中共中央总书记、中共中央政治局常委，成为第一代领导核心的重要成员。可是随着政治局势的复杂变化，1966年"文革"爆发，邓小平首先被打倒，之后被下放到江西南昌郊区的一个拖拉机厂做修理工。大家想一想：从最高领导人之一的位置，一下子变成了一个普通的修理工，其中的落差不可谓不大，非一般人所能承受。但是邓小平平静地接受了这一切，带着家人踏踏实实地去江西南昌拖拉机厂上班，每天早上八点上班，下午五点多下班，按部就班，兢兢业业，该开会的时候开会，该加班的时候加班。难道邓小平没有失落感吗？但大的政治气候并非邓小平所能左右，自身的境遇也不是他说了算，邓小平懂得这个道理，那就要学会隐忍，懂得随遇而安，珍惜生活给予的每一个机会，做好自己的本职工作，把身体锻炼好，以待时机。后来，"文革"结束后，随着整个政治气氛的好转，邓小平才有了真正施展抱负的机会。据说在1977年，复出后的邓小平决定登黄山欣赏风景，他的女儿毛毛陪同他一起上山。由于黄山海拔一千多米，真正步行上山需要相当的体力。女儿毛毛禁不住抱怨爸爸：作为国家领导人，干嘛还要步行上山，安排一架直升飞机直接飞上山就好了。邓小平告诉她不要抱怨，就要一步步地攀登。后来登山成功之后，邓小平才揭开了这个秘密，他告诉毛毛：我今年七十多岁了，终于有了给国家做事的机会，可是，究竟能给国家服务多少年？心中没有底。所以这次安排步行攀登黄山，目的就是看一看自己的身体状况。有了这次爬山的底气，我可以有信心地告诉你：我还可以为国家工作二十年！所以，真正伟大的政治家，总是能够心平气和地看待客观环境的变化，总是能够根据客观环境的变化调整自己的心态和预期。反过来，如果客观环境不符合自己的想法，一个人不仅不懂得调整自己的心态，相反却怨天尤人，郁闷牢骚，结果客观环境也不会随着自己的主观愿望发生变化，而且往往是越抱怨，生活处境越是差强人意。

与"随遇而安"相通的就是"心不在焉"。《大学》说：心不存焉，视而不见，听而不闻，食而不知其味，此谓修身在正其心。现在很多人把"心不在焉"视为贬义词，把一个人朝三暮四、极不认真的状态称之为"心不在焉"。这完全不是中国文化的本意。在《大学》中，心不在焉是指当一个人在集中精力做一件事情的时候，一定要尽可能心无旁骛，专心致志，任何外在的干扰，都不能扰动自己的专注，只有这样，才可能取得成功。把心集中一个地方，专注于自己的事业，对于外在的诱惑都能够自觉排除，不受其干扰和影响，这种状态就是"心不在焉"。一句话，"心不在焉"就是把心专注自己该做的事情上，而不是被外在的诱惑所干扰。可以这样说，人只有做到这样的程度，才能学有所成，做有所成。所以，面对无限复杂的人生，我们不仅要"随遇而安"，而且还要"心不在焉、听而不闻、食而不知其味"；不仅把心安放在当下，而且还能够集中精力，专心一处，果真能如此，一个人焉能没有成就？

反观今天的很多年轻人，最大的问题就是不能"随遇而安"，一旦现实不满意，就怨天尤人，不知道反思自己的过错，反而牢骚满腹，最终大好时光在牢骚中失去，人生的机会也在抱怨中溜走。其实，一个人无法决定环境，也绝不可能事事如意，不管多辉煌的人生，都是一个台阶一个台阶地走上来，只有第一个台阶走好了，才可能让人生更上一个台阶。正因为如此，无论人生有什么机会，我们都要明白：人生不是我们随意可以选择的，相反，很多时候，我们不得不接受命运的安排；因此，不管遭遇什么，我们的心都要懂得安住在当下，尽可能把每一个机会都好好珍惜。什么是机会？只有把自己做好了，把本职工作做好了，才谈得上机会。因此，我们提倡一种积极的建设性的人生态度：面对人生的各种境遇，与其抱怨，不如将抱怨的时间用在努力上，用在踏踏实实的奋斗上，只有这样，自己的命运才会逐渐发生变化。否则，一味的攀比、虚荣和抱怨，最终只会是导致自己越来越脱离社会，人生越来越被动，最终不免更加落伍，更加不如别人。

随遇而安，把心安住在当下，做好该做的事，心灵才有踏实，人生才有未来。

人生是一场修行

有一则禅宗的故事：一位大将军，在战场上左冲右突，征战无数，屡建奇功，可谓功绩卓著。后来功成身退之后，闲居在家，过着散淡惬意的生活。这个时候，他喜欢上了收藏。从疆场的厮杀到收藏的静雅，人生境遇已经根本不同，却也别有情趣。有一次，他正在把玩自己收藏的瓷器，突然一不小心，瓷器从手中脱落。这一下把将军惊出一身冷汗，怎么办？将军不愧是将军，手疾眼快，迅速把身子匍匐在地，接住了即将落地的瓷器。还好，瓷器完好无损，再看将军，冷汗直流，似乎有惊魂未定之神情，好险！等这个事情平复之后，将军百感交集：我战场厮杀无数，可谓九死觅得一生，面对血雨腥风都未曾感到恐惧，可现在一个小小的瓷器竟然让自己心神不宁，甚至大为恐慌，原因何在？沉思之后，忽然有悟：就是自己的心已经住在了这个瓷器上，深深地喜欢上了收藏品。一个人的心中一旦对任何东西放不下，太喜欢某一个东西，这个东西就会让自己心神不安。将军明白这个道理之后，毅然决然离家直奔寺院，立志出家，要放下万缘，寻求真正的智慧和解脱。

这个故事不仅让我们掩卷沉思：对于将军而言，战场上事关生死的对垒厮杀，当然是人生的大考验，稍不注意，人首分离，自当万千警惕，倍加小心。等功成身退之后，生死悬于一线的危险远去，面对明月清风，良辰美景，还有什么可警惕之处呢？可这赏玩文物之时的虚惊一场，几乎让将军魂飞魄散。殊不知，人生处处皆是修行，皆是对人生的历练和考验，刀光剑影是修行，温柔美景也是修行；置身热闹浮华处是修行，独处孤独寂寞也是修行；面对名利荣华时是修行，遭遇穷困潦倒也是修行……可以说，人生的每一种境遇，都是对我们的考验，都在考验我们的淡定和智慧，都在考验我们的清醒和睿智。每一个考验，都是在历练自己的心性，都是在启迪自己的智慧，都是在成全自己的人生！当我们把人生视为一种修行的时候，我们自然会多一份反省和警惕，对于人生的每一个机缘，都会用心来看。

可是，很多人并没有意识到人生本就是一场修行；面对人生的各种考验和历练，很多人并没有从容应对的清醒，甚至领袖也有值得我们反思的地方。

毛泽东作为一代伟人，曾经在血雨腥风的战争年代叱咤风云，在九死觅得一生的战争环境，不失浪漫情怀，写诗"战地黄花分外香"，自信"风景这边独好"。即便是在红军长征最艰苦的环境中，毛泽东对自己的理想都矢志不移，"今日长缨在手，何时缚住苍龙"！在抗日战争期间，中国共产党的压力空前。外有日本侵略者的扫荡和围剿，内有国民党的反共和摩擦，再加上大西北的环境比较恶劣，延安军政人员的吃饭问题都面临着严峻考验。在这样的环境下，毛泽东始终保持清醒的头脑。

1941年，陕北大旱，庄稼歉收。陕北有一个村民伍兰花，一人养活三个孩子，还要照顾多病的婆婆，平时日子已过得紧巴巴了，遇到大旱三年就更艰难。偏偏这时候边区政府的村干部上门催收公粮，态度又不好，伍兰花当即和村干部吵起来。那天中午，恰巧延川县县长李彩云遭雷击身亡。下午，村干部又一次来征粮，与伍兰花再度吵架。情急之中，伍兰花脱口叫骂："你们拿走我的救命粮，我一家人怎么活啊！晌午打雷，咋不叫这雷劈死毛泽东呢！"村干部和几个民兵立刻把伍兰花抓起来，并绑赴延安审判，初审判处枪毙。毛主席了解情况后心情沉重，他亲自下令放人，并派人把伍兰花送回家，还让通讯员把自己的口粮和自养的一头奶羊送给了这位农妇，以解养家糊口的燃眉之急。毛泽东又把中央军委总部保卫部部长钱益民叫进来，当面嘱咐说：把这个妇女马上放回去，还要派专人护送她回家。记住，去的人要带上公文，向当地政府当面讲清楚，她没有什么罪过，是个敢讲真话的好人。她家困难多，当地政府要特别照顾。对于清涧县群众的公粮负担问题，边区政府要认真调查研究，该免的要免，该减的要减。我们决不能搞国民党反动派那一套，不管老百姓的死活！之后毛泽东找机会跟征粮的干部说：伍兰花没有错，她有一肚子气，怎么能不骂人？大灾之年，我们征收公粮的同志尤其要体察民情，不能有一点马虎粗暴。从人民的辱骂声中，毛泽东感觉到了问题的严重性。经过进一步深入调查研究，发现陕北"确实公粮太多"，加重了人民的负担。找到了问题的症结所在，毛主席开始标本兼治了。接着，党中央做出决策：精兵简政，减征公粮，开展大生产运动，自力更生，丰衣足食，著名的南泥湾精神由此传遍中国大地。可以这样说，正是在逆耳的批评中，中国共产党发现了问题，并通过研究找到了解决问题的办法。大家是否发现这样的现象，越是困难的时候，越容易让人清醒，越容易让人海纳百川，善于倾听。中国共产党由弱到强，从小到大，原因众多，革命战争年代的领导人虚怀若谷与勇于接受批评，是非常重要的原因之一。

在现实中，我们看到太多的人并不能自觉地把人生当作一场修行。在艰难困苦的时候，尚且能够时时自我警惕；一旦有了一点成就，就忘乎所以，结果是"其兴也勃焉，其亡也忽焉"。如果我们追问：人生的这种修行中，最终的目的是什么？那就是"放下"和"自在"。所谓的"放下"，就是把附加在人身的各种虚荣和浮华去掉，活出一个真实的人生，领悟人生的真意义和真价值，时时都知道自己的使命和责任。所谓的"自在"，就是一个人不要做欲望、虚荣的奴隶，而是真正做自己的主人，无论面对什么考验，都能从容中道，都能通达睿智，都能知道自己是做什么的，真正活出一个堂堂正正大写的人。

人生面临的各种考验和历练，归根结底表现为一个人的心境。当我们无论是面对顺境，还是逆境，无论是机遇，还是挑战，都能够淡定从容的时候，就是容易成功的时候。我曾看到中央电视台对某一个知名公司的负责人的采访，他告诉记者，创业起初，当听说自己可以赚几千万的时候，心情激动得无法入眠；或者当接到电话，突然听说公司遇到重大困难的时候，当场惊吓得冷汗直流。到了现在，无论是公司的任何消息传来，他的心已经不会如此起伏，只是会专注于公司遇到了什么问题，应该怎么样正确对待。一个人只有真正气定神闲的时候，才能涌现智慧，才不会惊慌失措。而那些不淡定的人，往往是患得患失，对于逆境，就会多有抱怨；对于顺境，却又小人得志，最终的结局是在逆境来临的时候，经不起苦难的洗礼而自暴自弃；在顺境的时候，小人得志，骄傲自满，而不免走向穷途末路。所以，在人生的这场修行中，无论是面临什么境遇，都要有一分宁静和安详，如苏轼所言：天下有大勇者，卒然临之而不惊。无故加之而不怒。有了这样一种心境，人生就可以涌现大智慧，就能够接受大考验，获得大成功。

　　如果我们追问，为什么有些人做不到"淡定"？原因就是心中对某些东西"放不下"。有了"放不下"的心，就会过于在意，就会觉得输不起，就会患得患失，就会求全责备。事情往往很奇怪，越是输不起的事情，越会败北；越是淡定从容的时候，越容易一顺百顺。需要强调的是，我们强调的放下，放下的是虚荣，放下的是那种困于"小我"的算计，带着"道法自然"的心态做事，而不是放下自己的责任和使命。正如朱光潜先生所说的"以出世的精神，做入世的事业"。这句话的意思是在做任何事情的时候，都抱着无所求的达观，不求名利，不求地位，不求回报，只是为了把事情做好，尽自己人生的责任和使命而已，至于结果如何，水到渠成。虽然带着不求功利的心，但真正做事情的时候，却又带着入世的精神去做事，认真、勤勉、敬业、奉献，尽心尽力。如果一个人真正修炼到这样的境界，那么，什么得失的算计，名利的诱惑，地位、权力的吸引，等等，都已经不是问题；山登绝顶我为峰，海到天边云是岸；无论是什么样的人生局面，都是海阔天空。

　　人生是一场修行，有了这样的觉悟，我们对于苦难和挫折，就有了更深的认识。很多人不愿意遭遇苦难，但苦难何尝不是对人生的成全？在"苦难"这堂人生必修课面前，我们需要的不仅是敢于直面的勇气，更是心灵的洗礼；当我们在苦难面前学会感恩的时候，当我们面对苦难学会反思的时候，当我们面对苦难善于学习的时候，当我们面对苦难拥有宽容的时候，苦难已经不是苦难了，人生的境界也早已经"两岸猿声啼不住，轻舟已过万重山"。如果我们冷静下来想一想，每一场经历的苦难都会告诉我们太多的道理，都会让我们成长。可以这样说，每一场人生的波折，都会让我们对自己有了新的发现，我们也会从对挫折的反思和学习中一步步走向成熟和厚重。

懂得了人生是一场修行，那我们就用微笑和感恩看待人生的每一场洗礼，无论是什么样的境遇，我们都说一声感谢，感谢社会给了我们成长的机会，感谢每一次给我们学习和反思的机会！有这样的人生感悟，当我们遇到困难时，少了怯懦；遇到挫折时，少了抱怨；遇到鲜花和掌声时，多了清醒和自知之明；这些都是人生的必修课，正如一首歌里所说：不经历风雨，怎么见彩虹？没有人随随便便成功！

"青春叛逆"与"代沟"

"青春叛逆"现象和"代沟"问题几乎是每一个人和家庭都要面对的问题，很多家长因此苦恼，不知道怎么应对孩子的反叛；很多青春期的年轻人也因此痛苦，不知道怎么样才能处理好和家人的关系。家长的苦恼，是因为觉得对孩子辛苦的付出却得不到应有的尊重和回报；孩子的痛苦，在于当自己有想法的时候，总得不到家长的理解和支持。鉴于此，我们不妨分析一下为什么会产生"青春叛逆"和"代沟"现象，然后尝试寻求应对的好办法，这恐怕对很多人都有一点现实的意义。

对于孩子的成长，家长大都有这样的经历：孩童的时代，是最可爱的时候；小朋友什么都依靠父母，走路也要拉着父母的手才安心，喜欢依偎在父母的怀里感受关爱。可是，随着年龄的增长，这种比较听话的状态渐渐会发生变化，孩子慢慢有了自己的主见和对问题的看法。如果再大一点，到了读中学的年龄，最让家长困恼。这个时候的孩子很难与人沟通，油盐不进，而且家长希望这样，孩子偏偏要那样，如果处理不好，还会引发激烈的家庭冲突和矛盾。更有甚者，有些孩子会离家出走，甚至走入歧途。那么，我们不禁要问：这是为什么呢？我不妨用哲学的思维对青春叛逆现象做一个分析。

家长对童年时期的孩子之所以感觉到可爱，是因为孩子还较少有自己的想法和主见；我们把这种状态称之为"小我"还没有生成的状态。这种情况下，父母能够起到主导的作用，也比较容易管制小孩子。随着年龄的增长，孩子的认知能力、分析能力、理解能力等都在加强，这个时候，小孩就从一个没有"小我"的状态，生成为有"小我"的状态。一个有"小我"的人，对事情有了自己的认识和判断，对一件事情的好坏，该做不该做，喜欢不喜欢，都有了自己的独立见解。这个时候，孩子的这个"小我"，就会和家长的那个"小我"产生严重的分歧。而且，当孩子长大之后，父母的简单管制已经不适合年龄大一些的孩子了。这实际上就是"青春期叛逆"和"代沟"产生的原因。这个时候，家长就会发现孩子的巨大变化：在孩子没有"小我"的时候，孩子听从父母的话，喜欢得到父母的爱护和赞扬，这种状态在家长眼里就是听话，就是很乖很可爱。但是，一旦孩子有了"小我"，孩子在坚持自我的时候，必然会和家长产生分歧，必然导致家长觉得孩子不听话，觉得孩子很"叛逆"；孩子则觉得家长不理解自己，觉得家长和自己有"代沟"，这是家长苦恼和孩子痛苦的原因。懂得了这个道理，家长要明白，如果孩子渐渐不听话了，这恰恰是值得高兴的事情，因为孩子有了自己的独特理解和认知，这是一个人成长的表现，这是一个人走向成熟的必经阶段。但问题的关键是我们怎么处理好家长的"我"和孩子的"我"之间的冲突，从而顺利地度过青春逆反的阶段。

对于孩子的"我"，我们要让孩子明白：你能够有自己的认知和理解，这是非常值得高兴的事情，但是，由于孩子的"小我"刚刚开始形成，对于人生的很多事情、对于社会上的很多现象等，都还很难形成一个理性和准确的认识。在这种状态下，如果孩子非要坚持己见，非要自己做主，自以为是，不仅容易和父母的看法产生冲突，而且，还容易引发严重的后果。很多小孩由于和父母赌气而离家出走，结果导致被骗也好，身体受到侵犯也好，这种事例屡见不鲜。因此，孩子在成长的过程中，一方面要勇于提出自己的看法，但千万不要固执，而且要善于倾听，善于接受别人的批评和指教，尤其是要尊重父母的建议和看法。因为一个人心智的成熟，是一个逐渐的过程，需要各种历练和考验。我们要让孩子明白：家长会尊重孩子的成长，但是孩子一定要懂得谦卑，不要以为自己了不起，不要在不成熟的时候偏要显示很成熟，要有自知之明，一定知道自己在成长的过程中，一定要懂得在学习和善于学习中成长。如果做到了这些，孩子既是一个有主见的人，善于学习和倾听的人，又懂得尊重别人，宽容地看待不同观点，这种状态就容易打交道，就容易沟通和妥协，就不容易产生激烈的冲突。

对于家长的"我"，我们要让家长明白：对于孩子的成长，在刚刚有自己的看法时，不可能完美，不可能事事都很成熟和理性，年轻人出现一些幼稚、冲动和非理性，都是可以理解的正常现象，不能简单地喝斥甚至讽刺。人人都是慢慢地长大，人人都是在学习和反思中长大，作为家长，更多的不是自以为高明，不是指手画脚，而是在尊重孩子看法的时候，鼓励和引导孩子，但同时一定要善于给孩子建议，帮助孩子对事情作出分析。一句话，孩子是自己在成长，而不是家长代替他成长。在孩子成长的问题上，孩子是主角，家长是助力。家长的帮助不是越俎代庖，而是给孩子建设性的意见，供孩子参考和借鉴。我们之所以提倡家长平等地对待孩子，提倡家长尊重孩子的自主能力，因为人总是要慢慢长大，人总是要走向自己给自己做主的阶段。家长可以在孩子没有长大的时候，替孩子做决定；但最终的方向是引导孩子学会自己替自己负责，作为一个独立的人，没有谁可以替自己永远负责，人总要学着自己慢慢长大。问题的关键是在孩子走向成熟的时候，家长一方面要尊重孩子，同时要避免孩子犯下一生不可弥补的过失。一句话，孩子没有"小我"的时候，家长可以替孩子做决定；当孩子逐渐有自我决定的能力时，家长的责任是引导孩子慢慢地培养自我决定的能力；等孩子真正成长起来以后，家长就要充分尊重孩子的决定。只有这样，家长和孩子之间的关系才不容易错位。

在现实中，很多家庭处理不好这种关系，原因就在于家长和孩子对不同"小我"之间关系的认识不清楚。对于家长，如果事事觉得自己高明，喜欢替孩子做决定，对孩子既不理解也不尊重，那必然会引发孩子的反弹。所以，家长一定要明白，孩子终将长大，终将自己独立面对人生的各种考验，家长不是处处替孩子做主，相反，家长要懂得尊重孩子，引导孩子，培养孩子的自我认知、自我判断和选择能力。而有些孩子，则是不知天高地厚，本来很幼稚，却自以为很成熟，听不进别人的建议，容不得别人的批评，不仅容易固执，而且还容易犯下大错。因此，孩子一定要明白，尽管随着年龄的增长，自己在慢慢长大，但成长总是一个逐渐的过程，有了这种觉悟，孩子就可以多倾听父母的建议，多反思自己的不足，善于在学习中成长。尤其需要指出的是，孩子慢慢形成独立自我的过程，是一个逐渐成熟的过程，也恰恰是最容易犯错的过程。无论是家长，还是孩子，一定要让这个逐渐成熟的过程多一些稳妥和谨慎，少一些急躁和过失。从某种意义上，孩子的"我"与家长的"我"在交流的时候，不是单纯的对错这样简单，而是包含了双方之间的学习、包容、尊重、理解和相互沟通。

推而广之，不仅是家长和孩子面临如何处理不同"我"之间的关系，整个人类社会，乃至整个宇宙都面临着如何处理不同"我"之间的关系。我们生活的宇宙，由众多的"我"组成，各个"我"之间，互相联系，互相渗透，共生共荣。因此，我们生活的世界，不是"你死我活"，更不是"零和游戏"，而是一损俱损，一荣俱荣。我们在处理人与人、国与国、人与自然之间的关系时，一定不要自以为是，不要自以为真理掌握在自己手里，不要只看到自己的利益，而是互相尊重，互相支持，唯有如此，才能天下太平，社会和谐；否则，人人心中只有自己的那个"我"，看不到别人的那个"我"，不懂得互相学习、尊重和宽容，最终必然引发各种冲突。在冲突面前，没有赢家，只有彼此的尊重和理解，才有共赢的局面。

知道自己的无知

古希腊的哲学家苏格拉底，曾经有一句名言：我知道我是无知的。苏格拉底之所以这样认为，因为对于人生和宇宙的很多事情，他都无法找到答案。因此，他常常提醒自己是一个很无知的人。但很奇怪的是，古希腊的很多人却都认为苏格拉底是非常有智慧的人。这不仅引起了苏格拉底的反思：我明明知道自己的无知，可为什么古希腊的很多人却认为我有智慧？在百思不得其解的时候，他决定去古希腊的拉斐尔神庙抽签，向神询问自己究竟是不是一个聪明的人。抽签的结果出来了，神谕说苏格拉底确实是一个有智慧的人。这就更加让苏格拉底感到困惑：我明明知道自己没有智慧，可为什么雅典人认为我有智慧，就连神谕也说我有智慧，这是为什么呢？

后来，苏格拉底在思考的过程中，忽然有所觉悟：面对无限复杂的宇宙，我苏格拉底和大家一样都很无知；可是我虽然无知，自己却已经认识到了自己的无知。而那些本来很无知的人，连自己是一个无知的人都没有认识到，仅就这一点，我苏格拉底也算是一个有智慧的人。苏格拉底由此豁然开朗。

知道自己的无知，用中国的话说就是"自知之明"。自知之明是一个人非常宝贵的品质，老子曾说：知人者智，自知者明，一个有自知之明的人，会清醒地知道自己的弱点和长处，知道一生应该追求什么、应该放弃什么，而不是什么都想要，什么都想得到。苏格拉底的认识启示我们：每一个人都有自己的局限性，拥有局限性并不可怕，但问题的关键是一个人如何认识到自己的局限性，并能够自觉超越自己的局限性。可是，我们自己也是否认识到了自己的无知呢？

任何一个人，都必须面对人性的局限，孟子曾说：饮食男女，人之大欲存焉；任何一个人都不可逃避人性深处的弱点，都生活在特定的时空中间，都不可避免地打上这个时空的烙印或者局限性。这种局限性就形成我们人生的弱点，构成我们发展的障碍。

对于人们的这种局限性，英国思想家培根就认为我们在认识世界的时候，都会受制于各种因素，难以全面真实地了解客观世界。他将这种人类认知的障碍总结为认识的四种假象：市场假象、洞穴假象、语言假象、种族假象。总结起来，培根的意思就是说一个人的思想不免会受到自己生活的环境的影响，很难真实全面地认识客观世界。可以说，人人都有自己的局限性，但问题是一个人如何看待自己的局限性。一个人只要能够认识到自己的局限性，就具备了自我超越的可能性；反之，如果一个人自以为是，刚愎自用，听不进别人的批评和建议，更做不到自我反省和批判。无论是历史上，还是现实中，太多的人因为骄傲自满而导致失败，可谓教训多多。

在中国大凡上过学的人，基本上都读过司马迁在《史记》中记述的《鸿门宴》。起初，反击秦王朝的各路诸侯约定：谁如果能够先攻入咸阳，谁就可以做汉中王。结果刘邦避开了秦王朝的主力，率先攻下咸阳。项羽的谋臣范增在了解情况后劝告项羽说："刘邦在山东时，贪图财物，爱好美女。现在进入关中，财物一点都不要，妇女一个也不亲近，这说明他的志向不小。我叫人去看过他那里的云气，都是龙虎形状，成为五彩的颜色，这是天子的云气啊。大王应该立即诛灭刘邦，千万不要失掉时机！"从项羽这边看，真正的对手就是刘邦。可是后来，项羽并没有真正这样做，反而在鸿门宴放过刘邦。等刘邦已经走了，张良才进去辞谢，说："沛公不能多喝酒，结果酩酊大醉，不能亲自向大王告辞。谨叫我奉上白玉璧一对，敬献给大王；玉杯一对，敬献给大将军。"项羽说："沛公在哪里？"张良说：

"听说大王有意责备他,他觉得不好意思当面致歉,已经回到了军中。"于是项羽就接受了白玉璧,放到座位上。范增拿过玉杯,立刻摔在地上,拔出剑砍碎了它,说:"唉!项羽这个糊涂人,不值得和他共谋大业!夺走项王天下的一定是沛公。我们这些人就要被他俘虏了!"

透过这个耳熟能详的故事,大家就会看到项羽最大的缺点是没有自知之明,没有自我反省和批判的能力,更听不进别人的建议,结果很多好的机会都被错过,最终只能是四面楚歌,乌江自刎。刘邦在称帝之后,就明确地指出项羽的弱点:刚愎自用,缺少自知之明,根本听不进范增等人的建议,结果必然失败。如果大家阅读人类的历史,不难发现:凡是那些能够做到在自我反省的基础上认识到自己局限性的人,那些善于倾听别人批评和建议的人,才能对问题看得更全面和客观,而且才能够得到更多人的帮助,往往会做出一番事业。相反,僵化和封闭的人,自以为是的人,狂妄自大的人,很难逃脱失败的命运。

大家阅读《易经》,其中有一卦"谦卦",卦辞的内容都很平顺吉祥,这在《易经》中间是很少见的。其实《易经》的创作者这样处理,恰恰体现了先贤的智慧。只有一个懂得自我反省的人才能看到自己的弱点,只有一个敢于承认自己弱点的人,才能做到待人谦卑,一个待人谦卑的人才能够尊重不同意见,善于倾听,勇于学习而不断进步。这样的人,怎么可能不吉祥呢?正是出于这样的道理,《老子》也说"江河处下而为百谷王",意思是江河都是处在洼地,所以才能成为江河流注之地,而积小溪而成江河。反过来,一个人如果自以为了不起,谁的建议都听不进去,结果必然是骄傲使人失败。

因此,对于一个人而言,可怕的不是自己的无知,而是意识不到自己的无知。一个人是否能够认识到自己的局限,能否做到自我反省和自觉倾听别人的批评和建议,某种程度上决定了他的未来命运。我们作为一个普通人,可谓人人都有很多缺点,孔子曾经说:过则勿惮改。意思是说:一个人有错误并不可怕,问题的关键是要勇于改正。对于自己的局限性,曾子曾经说：吾日三省吾身。也就是说，一个人对于自己局限性要有时时的自觉。因此，希望每一个朋友都能够像孔子、苏格拉底一样，自觉地体认自己的无知和局限，冷静谨慎地分析自己的不足在哪里，优势在哪里，力求做到正视弱点，直面不足，不断完善，发挥优势，取长补短，并且能够时时地自我反省和批判，善于倾听别人的批评和指教，如果一个人真要做到了这一点，一定能够不断进步。

做好每个年龄段最该做的事情

我曾经收到这样一封来信,信中讲述了一个大学生的爱情故事:

某一个大学生,家在农村,经济上比较拮据。但是他很争气,上中学时学习成绩一直名列前茅,后来考入县城的重点高中。在高中的时候暗恋上一个女孩,这个女孩不仅学习非常好,而且外在的形象也很好,被同学们私下称为"校花"。这个男孩在暗恋的时候,又不敢表达,高中三年只是默默地关注。后来,高中毕业后,女孩考上了教育部直属的一所重点大学,而这个单相思的男孩则只考上了一个普通的二本院校。读大学后,男孩子觉得到了可以表白的时候了,于是勇敢地向女孩表达了自己的心愿,结果是女孩不仅不答应,而且警告男孩子:做普通的朋友可以,毕竟三年的高中同学,但如果谈及男女朋友,断然不可。遭遇拒绝是一件非常痛苦的事,以致在大学读书期间,这个男孩一直生活在爱情失败的苦闷中而不能释怀。

2012年的春天,我到这个男生所在的学校作讲座,讲座结束后,就收到了一封邮件,给我讲述了他的经历。看到这个男生的来信后,我也深受触动。这个世界上为情所困的人,被情折磨的人,比比皆是,那种辗转反侧的忐忑和心焦,谁人理解?而且这个男学生还承载着改变家庭处境的责任,其压力可想而知。当知道他的情况后,我想帮助他从这个困局中走出去。可是怎么帮助呢?直接告诉他怎么办,未必是好办法。即便是帮助别人，总是要找一个合适的机缘。于是，我写邮件告诉他：青春年华，追逐爱情，本没有错，何必这样苦苦暗恋，不妨大胆去追！很快我收到了他的回信，他坦白地告诉我他没有信心。我随后告诉他两个字：放下！既然追不上，何必苦苦折磨自己呢？不如放下本来就做不成的事情，做自己该做的事。结果，他的来信告诉我三个字：放不下！这个时候，我觉得到了和他通个电话的时候了。于是我问他：你是否信任我？是否可以说批评的话？他告诉我：他信任老师，任何批评的话，都可以接受。于是，我在电话里直率地告诉他：

你想过为什么表白遭遇断然的拒绝吗？我不主张功利地对待感情，可是你和那个女孩无论是家庭、还是就读的学校，都确实存在客观的差距。一个人终归要靠实力来说话。你现在的状态，说一句客气的话，叫糊涂；说一句不客气的话，叫愚蠢！因为明明知道不可能做到的事情，却因为过于执着和放不下把自己折磨成这个样子！高中三年，大学三年，六年的青春年华就这样消耗在一个本不可能的事情上，而且这种单相思导致高考成绩不理想，现在备考研究生又不能集中心力，这不是愚蠢，又是什么呢？你现在追也追不上，放也放不下，导致学习成绩下降，做事情不能集中精力，这样最终的结果是荒废四年大学学业，终会一事无成，而且会越来越不自信，越来越成为同龄人中间的失败者和落伍者。如果你能够听从我的建议，那就从本不可能的事情上收回自己的心，集中精力做自己最该做的事情，发展自己，成长自己。如果你真有志气，能够集中心力发展自己十几年，心无旁骛，专心一处，为自己的未来打拼，那个时候，你也不过三十几岁，如果真能够有所成就，你再看爱情，早已经是"两岸猿声啼不住，轻舟已过万重山"。如果你真成了马化腾、马云那样的人物，恐怕爱情会自动到你的面前。而现在的你，无论是资历、家庭、个人的能力，等等，都还不能真正实现你的愿望，在这种情况下，沉陷于明明不可能的事情上消耗精力，甚至是身心的苦痛，何必自我折磨呢？

听到我告诉他的这些话，他至少当时表示恍然大悟，向我表态：一定会放下明明不可能的事情，集中心力于自己的成长与发展，等到自己有了一定的条件之后，再谈爱情问题。我当时告诉他，对于感情，本来没有什么标准答案，有的人也许是爱情、事业双丰收，而你现在的状态则是应该放下本不可能的事情，先把自己该做的做好。

其实，从这个故事中，我们领悟的不仅仅是怎么对待感情，更进一步，对我们如何领悟和经营自己的人生有所启发。人一辈子不管经历多少年，都由一个个的阶段组成。人生的不同时期，有不同的任务和最需要做的事情，对于人生有不同的意义。什么才是有智慧？用在经营人生问题上，有智慧的人在不同的年龄阶段，集中精力做好这个年龄阶段该做的事情。只有这样，人生尽管不会圆满，但会减少不必要的遗憾。如果我们观察一些成功人士，他们尽管各有不同的成功，但有一个共同点：那就是都尽可能把自己该做的做好，否则，蹉跎岁月，韶华易逝，当错过了年纪之后，即便是觉悟了人生的意义，很多时候都已经悔之晚矣。

因此，奉劝那些正在挣扎、彷徨、纠结和苦闷的朋友们，人生没有完美，总是有所缺憾。鉴于此，我们一定要分清楚主次，知道这个阶段自己最应该做什么，最应该追求什么，从而把主要的精力放在最该做的事情上。等到因缘成熟的时候，原来本不可能的事情，也会变得有可能。否则，如果不能分清主次，不知道不同人生阶段的主要任务，不懂得把最该做的做好，结果是浑浑噩噩，空把时光错过。而且，一个人的成长需要过程，如同树木的成长，从抽出嫩芽到结满果实，需要岁月的沉淀和辛勤的汗水。任何一个人命运的改变，是众缘和合的过程，需要持之以恒的努力，一般说来没有十多年、几十年的奋斗，没有哪个人可以随随便便地成功。一个人心中有追求是大好事，可是决不要操之过急，一定要踏踏实实地奋斗，做好自己最该做的事情，心无旁骛，专心致志，经过辛勤汗水的浇灌，才能迎来人生枝繁叶茂的春天！

如果把人生比成一幕话剧，童年的开局，不妨春光灿烂，天蓝水清；在少年的懵懂和青年的活力阶段，应该勤恳地耕耘，踏实地奋斗；在中年的成熟时期，应该一边耕耘，一边丰收；等到了夕阳西下的晚年，应该直面人生的终极问题，即便是面对人生的谢幕，也能够从容淡定。真正做到这些，我们不仅要有决断人生不同阶段做好最该做事情的智慧，还要有制心一处和管好自己的能力和勇气。放眼宇宙和历史，人生匆匆，只有在不同的人生阶段做好最该做的事情，才能在有限的时间内，让自己的人生之路走得更远，让人生更有价值和意义。

善用其心

我想先讲一个著名导演凌子风的故事。有一次,凌子风指导姜文等人在拍戏,其中在取景的时候,正好经过姜文的家。姜文就好心告诉凌子风导演和剧组其他成员:拍戏结束后到我家吃饭吧,我的母亲会做拿手的湖南菜,味道足,又容易下饭。凌子风导演听后很高兴,于是大家拍完镜头之后就直奔姜文的家。结果,当大家都带着兴冲冲的心情来姜文家吃饭的时候,却发现实际的情况和大家的预期相差很大。姜文的母亲知道来意后,并不是如姜文预想的热情,而是冷冷地问凌子风:你会做饭吗?凌子风说我会。姜文的母亲直接就说厨房在那里,去做吧。然后一指厨房,就忙自己的事情去了。姜文顿时觉得很尴尬,但凌子风导演却乐呵呵地进了厨房,仿佛厨房就是自己家的,一阵叮当之后,一桌子的菜就做好了,然后气氛融洽地招呼大家一起吃饭。即使多年过后,这个情景还一直在姜文脑海里挥之不去。这不是简单的一个吃饭做饭的故事,而是凌子风导演的那份心态和智慧。本来带着吃饭的预期,不曾想现实和想象的完全不一样。如果换成其他人,也许觉得失落,觉得姜文的母亲不近人情,甚至会有些怨怼。但是凌子风导演却没有这样,而是乐呵呵地去厨房,乐呵呵地做了一桌子的饭,把大家的气氛也带动得乐呵呵。我们从中领悟的是什么?那就是一个人一定要做自己心情的主人,而不是轻易被外在的环境干扰了自己的情绪,要懂得善用其心!

所谓"善用其心",就是能够永远看到事情的积极一面,能够带着上进愉悦的心看世界。我们观察任何人的一生，都不会永远一帆风顺，春风得意。南宋方岳曾经有诗："不如意事常八九，可语人处无二三"，一句道出了人生的无奈和凄楚。世事纷纭，变化万千，差强人意的事时有发生。于是，我们不禁要问：面对人生的各种遭遇，面对我们不能左右的局面时，如何才能有一个快乐的心情，面对纷纷扰扰，总能够淡定从容，心中常驻芳华？这恐怕是我们每一个人都需要面对的现实问题。

2015年的春节联欢晚会上，有这样一位嘉宾，他就是一个普通的农民，是一个养子。当自己的养母瘫痪后，几十年如一日地照顾老人家，照顾养母的饮食起居，甚至擦屎擦尿。当中央电视台的主持人问他为什么这样做的时候，他说：我今年六十多岁了，照顾生活不能自理的母亲三十多年；上天能给我三十多年照顾母亲的机会，这是我们的福分！我还希望能再照顾母亲三十多年！我看了这个镜头之后，心头一热。这个世界上，大概没有什么比生养自己的恩情更大，可是很多人长大后，却只是顾及自己的利益，把照顾父母看成一种负担，不要说孝敬父母，就连最起码的尊重和照顾生活都谈不上。一种本来应该终生感恩都无法报答的养育之恩，却被很多人当作负担，除了自私之外，还反映了我们看待事情的不同心态。看问题的智慧不一样，事情也会呈现出不同的结局。有一个女孩，长到十岁的时候，爸爸妈妈又生了男孩。自从有了弟弟之后，女孩觉得爸爸妈妈对她的爱少了，等到长大一点，更发现弟弟是将来家庭财产最大的受益者。可如果没有弟弟，爸爸妈妈的爱只给她，财产也是她来继承。有了这样的心理，家庭越来越不和谐，冲突越来越多，最终家里的混乱不可收拾。

这一切的问题又在何处呢？这个姑娘是否想过：弟弟的降临，固然会影响她的利益；可也正是弟弟的存在，使得自己在这个世界上多了一个和自己血脉相连的亲人，多一个依靠和至亲的人。更何况，人的生命中有比金钱和利益更重要的东西。所以，我们有什么样的智慧，就会有什么样的生活。这个世界，任何一个事情，都有它的得与失，切不要因为自己狭隘而深陷困境。有的人做了公务员，却抱怨自由不够；有的人做了大学老师，却羡慕权力的光环；有的人身处山清水秀，却觉得现代化程度不够；也有的在大都市里生活，却时常抱怨房价和雾霾。如此等等，无边欲海，求全责备，结果只是庸人自扰。

世界是什么样子，是我们不能决定的事情，但我们可以调整看世界的心情和看待世界的态度。同样是春雨绵绵，农民兄弟视其为喜雨，眼睛透过细雨看到的是丰收；而心情沉郁的人，看到的却是雾蒙蒙的压抑和失落。其实，一个人快乐不快乐，根本不在于天气，而在于自己的心，在于你怎么看待天气。也许，我们都很难做到一辈子心情快乐，但至少，无论我们遇到什么事情，都要多想事情的正面，多从正面想一想事情对于我们的意义，一句话，我们要善用其心，多用智慧、宽容、仁爱的心看世界，自己的心里自然也多了阳光和温暖。

关于心绪的纷纷扰扰，苏轼亦有心得。大家读他的一首词《蝶恋花》，可细品其中的味道：

花褪残红青杏小。燕子飞时，绿水人家绕。枝上柳绵吹又少。天涯何处无芳草！墙里秋千墙外道。墙外行人，墙里佳人笑。笑渐不闻声渐悄。多情却被无情恼。

花褪残红的暮春时节，春光旖旎，几个闲适的女孩在自家的花园荡秋千，少女玲珑清脆的笑声，传到了墙外的人行道上。结果笑声无意，听者有心，可惜行人除了心意翩翩外，只能是自寻烦恼。可是，行人的烦恼何来呢？并非女孩让他烦恼，而是因为自己的多情自求烦恼罢了。曾有一个故事：一个文人的妻子在窗前种了几棵芭蕉，绿意拂浓。某一天，秋来雨声滴沥，文人枕上闻之，心与俱碎。天亮后，心有所感，于是戏题断句于叶上："是谁多事种芭蕉，早也潇潇，晚也潇潇。"等到第二天，只见叶上续书数行："是君心绪太无聊，种了芭蕉，又怨芭蕉。"滴雨打芭蕉，可以是惬意心境，也可以是心绪烦躁。问题不在秋雨与芭蕉，而在听者有一颗什么样的心，心不附物，物岂碍人？

生活中太多这样的事情，当我们心意扰扰，左看右看都不顺眼的时候，不免要问：自己是否应该整理自己的心情？努力做自己心情的主人，这应该成为我们一生努力的方向。可是，我们每一个人看问题，都是用自己的尺度看世界，都是带着"小我"的视角看问题，因此，当外在的环境符合"小我"的那份期待时，就心情舒畅；反之，如果外在的环境不符合自己的期待时，就会生气、郁闷。孔子曾说"六十而耳顺"，这种境界就是无论遇到什么环境，孔子都能保持心灵宁静平和。孔子为什么能够达到这样的境界？其原因就是当一个人心中没有"小我"的时候，就不会带着一个僵化、狭隘的心胸看世界，而是心中没有任何成见，无论遇到什么都能理解环境，都能主动调适自己的心情，保持宁静、愉快、安详的状态。

调心不是小事情。很多时候，我们不能控制自己的情绪，会让自己变得被动，甚至让事情无法挽回。如果一个人回望自己的成长经历，很多时候做出的愚蠢事情，说出的愚蠢话，大都是在情绪不稳定的时候发生的。如果一个人真正泰山崩于前，猛虎断于后，都能有一份淡定和沉稳，那么，他很少能够犯错，因为在一个人淡定的时候，内在的智慧会告诉他什么事情该做，什么事情不该做，而最怕的就是在情绪波动中失去理智的分析和判断。

2013年的春天，我从武汉去黄梅县参拜禅宗的祖庭——四祖寺。不曾想，武汉从早上起就大雨滂沱，而且雷电交加。在开车去黄梅的路上，大雨几乎让车子里的我很难看清楚外面的景观。可正是在这朦胧的雨雾中，我发现路上的车辆很少，远山上的丛林和稻田里的庄稼，正是在雨水的冲刷下格外的青翠。快到四祖寺的时候，发现路面弯弯绕绕，可是由于雨天的缘故，行人极少，车子更少，我们则可以安全畅通。看似不方便的雨天，却给我们带来了特别的收获：一路畅通的交通，远山上飘动的水雾，雨水冲刷下鲜绿的竹林，都只有在飘雨的天气里才能看到。雨中参拜四祖寺，不仅圆了我礼拜禅宗祖师的心愿，而且还欣赏了这样天气才有的风景。后来不仅要想：什么是好天气？什么又不是好天气？只要我们有一颗随缘的心，会欣赏的心，善于发现的心，什么天气不是好天气呢？真是世上本无事，自寻烦恼而已。

今天，我们都生活在一个节奏加快的时代，来自生活的、工作的种种压力，都让人们心绪紧张甚至暴躁。可是，情绪不好、心情不好，只会让我们的生活变得更糟，更容易忙中出错。我们要做心情的主人，努力发现世界的正面性。实际上，这个世界的任何一件事，都有他的正面意义，关键是我们有没有发现正面价值的眼睛。这样说并不是什么类似于阿Q式的自我安慰，而是一种领悟生命意义之后的大智慧。因为，任何一个事情，都有他的两面性，我们如果有智慧发现他的正面，善于发现他对我们的教益和启迪，那么，我们有什么理由不为之高兴呢？北京一个高中老师，一直为自己的某个学生苦恼。这个学生学习态度不认真，做人不懂得尊重师长，上课经常有一些小动作，如果加以管束就对抗老师。后来这个老师找到校长，诉说自己的苦衷和无奈。谁知校长听后祝贺他，这位老师不解，问为什么？校长告诉他：学生有问题，不正是教育的意义和责任所在吗？从这个意义上看，问题的存在恰恰是一件好事，如果学生没有问题，要老师干吗？要学校干吗？问题出现的地方，就是体现教师和教育价值的地方，关键是不要回避问题，而是正视问题、分析问题，找出问题存在的原因，然后真正能够解决问题。通过这个事情，我想告诉所有被苦恼折磨的人，当你看到苦恼带给你的折磨时，是否也看到了事情的另一面呢？俗语说：上天给人关一扇窗的时候，也会开一扇窗。可是，我们专注于其中一扇窗的时候，是否注意到了另一扇窗透给我们的风景？

人生不仅要懂得善用其心，而且更要懂得只有大爱的胸怀，才能够有一颗积极开明的心，看到世界的生机和欢喜。人生一世，对于善缘，我们常带一份感恩和珍惜；对于逆缘，我们要视其为对我们人生的历练和考验，同样心存感激，如果真正做到这些，人生何处不快乐？如果心情不快乐，不是世界没有阳光，而是因为我们还没有打开智慧的门，阳光无从照亮我们心灵的风景。

我们为什么是中国人？

这看似一个很平常的问题，也似乎是一个人人尽知的问题，其实并非如此。不然，如果我们追问我们为什么是中国人，谁又能说出一个缘由来？如果我们连为什么是中国人都没有思考和回答，我们又从何谈起做一个堂堂正正的中国人呢？

那么，我们为什么是中国人呢？是因为我们生活在中国的土地上吗？答案显然不是。不要说中国的版图在历史上多有变动，就是在当前，很多外国人也生活在中国的大地上，可他们并不以为自己是中国人，很多驻华大使馆的工作人员也生活在中国，可他们也断不会认为自己是中国人，他们代表的利益是本国利益。可见，我们是中国人，并不因为我们生活在中国的大地上。相反，很多中国人即便是生长在异国他乡，但心中却认为自己是中国人。

我们是中国人，是因为我们的肤色和语言吗？答案显然不是。整个东亚的人，包括日本人、韩国人等，基本上都是黄皮肤黑眼睛，与中国人的外貌没有多大区别。可是，这些国家的人，即便是生活在中国，能够用汉语交流，他们也不是中国人。

那么，我们是中国人，是因为我们的饮食习惯和衣着服饰与众不同吗？答案非也。因为，中国的旗袍也好，饮食也好，已经受到世界很多国家的人喜欢。那么，我们之所以是中国人，究竟原因是什么？答案就是中国文化的养育和塑造。正是在中国文化的浸润和影响下，塑造了中华民族之不同于其他民族的内在规定性，形成了中华民族独特的观察世界、体悟人生的智慧、思维方式和价值观，这些才是中国人之不同于其他民族的地方，也是中国人之所以不是其他国家人的内在原因。一句话，文化认同，才是中国人之所以是中国人的最根本原因。

可以说，几千年以来，中国文化的影响和教育，使得中国人形成了自身独特的精神世界，形成了中华民族的集体文化认同，正是这种内在的文化认同，才是中国人之所以为中国人的根本原因。因此，一个人生活的地域可以变，使用的语言可以变，生活的方式和习惯可以变，但是一个人的文化认同，一个人内心的精神世界、看待人生和世界的智慧、思维方式、价值观，却构成了一个生命的存在方式，是一个人生命的根基和智慧之源，永远不会丢掉。

如果我们考察中国文化对于中国人的塑造和教养，会发现，作为一个受过中国文化教育的中国人，无论人生遇到什么样的境遇，都能有一种中国式的智慧来化解和应对。面对命运的困惑，中国文化告诉我们，命自我立，福自己求，人生的命运都在自己手里，福祸自招，唯心是求，中国文化主张人人做一个堂堂正正大写的人，积善之家必有余庆，积不善之家必有余殃。面对人生的苦难，中国文化告诉我们，天将降大任于斯人也，必先苦其心志，劳其筋骨，饿其体肤，行拂乱其所为，动心忍性，所以增益其所不能；正是这种教育，每每让中国人遭遇苦难的时候都能自强不息，奋斗不止，带着一颗感恩的心看待生活的各种境遇。面对人生的顺境，中国文化告诫我们三省吾身，懂得谦卑和自警，懂得亢龙有悔，多反思自己的问题，而不要小人得志。面对人生的各种起伏，中国文化告诫我们，富贵不能淫，贫贱不能移，威武不能屈，此之谓大丈夫。面对人生各种执着，中国文化告诉我们世界皆是缘起缘落，万法无常，举世誉之而不加劝（飘飘然），举世非之而不加沮（失落痛苦），做一个真实的自我，拥有心灵的逍遥。面对人与自然的关系，中国文化主张天人一体，主张人们爱护自然，尊重自然，追求人与自然的和谐。面对人与人的关系，中国文化认为成全别人，就是成全自己，主张仁者爱人，老吾老以及人之老，幼吾幼以及人之幼。面对人生的担当，士不可以不弘毅，任重而道远。中国文化强调先从修身做起，推崇内圣外王之境，等等，不一而足。简言之，一个真正受过中国文化教养的人，一定是一个积极的人，上进自强的人，海纳百川的人，善于学习的人，敢于承担的人，心灵丰盈的人。这就是中国文化印在中国人身上的"味道"。

如果一个人真正学习过中国文化，就会发现，无论是人生的何种境遇，中国文化都能给我们智慧的解答和心灵的慰藉。当然，我们不必要自我感觉良好，在经济全球化的时代，我们必须有这样的觉悟：任何一个民族的文化，都有自己的优长和不足，正因为如此，我们才要有海纳百川的自觉，既看到自己文化的长处，也体认其他民族文化的优点；既要以我为主，维护自身文化的主体性，同时一定要根据时代发展的需要勇于创新，面对不同文化的交融而善于学习其他民族的优点，只有这样，我们才能正确处理文化的传承与创新、学习吸纳其他民族的文化与维护自身文化主体性之间的关系，真正成为一个具有文化自觉的民族。

可惜自近代以来，中国社会经历了各种震荡和波折，文化的传承与弘扬已经面临严重问题，很多人还不能真正认识到文化认同与国家认同的关系，没有认识到发展中国文化对于维系中国社会向心力、凝聚力的重要性，没有认识到文化认同与实现中华民族永葆生机之间的关系；正是这种文化认知上的不清醒，使得我们的文化战略和具体规划都存在若干需要检讨的地方。全社会在中华文化认同与中华民族振兴的关系上，还没有达成共识；如何在继承中华优秀文化的基础上重建中华民族自身的精神世界，也缺少清晰的战略规划。

朱熹曾经写诗：问渠哪能清如许，为有源头活水来。任何一个民族的发展，都需要从本民族智慧的源头活水处吸取力量和营养；当今，中国社会出现了精神家园危机、精神空虚、道德伦理弱化等问题，这在一定程度上都与我们缺少中国文化的教育有关。而且，近代以来，我们在对固有文化传统反思和批判的时候，并没有处理好舍弃和重建、继承与创新的关系，时至今日，很多人对中国文化不熟悉、不理解，也缺少系统了解自身文化传统的渠道，从而引发一系列社会问题。

懂得了这个道理，我们作为中华儿女，应该自觉地爱护本民族的文化，把传承和弘扬中华文化视为不可推卸的责任和使命。任何一个民族，只有真正理解了自身的历史和文化传统，才知道自己是谁，才知道自己从哪里来，要到哪里去，应该走什么样的路，自己的优势是什么，缺点又是什么。一个民族只有真正理解了本民族的传统，也才能有根基立在这个世界上，才能知彼知己，才能真正在理解自己的基础上理解其他民族的历史和文化，从而真正做到海纳百川与和而不同。

我曾和一个学习德语的学生聊天，问他能读懂康德吗？他说不好读懂，康德的书晦涩难懂。我告诉他：你读不懂康德，不仅仅是康德的书晦涩难懂，更重要的是康德作为西方伟大的哲学家，不是你学几天德语就可以读懂的。因为康德不仅是德国哲学的一座高山，也是人类文化史上的一座高山，不是哪一个人都有能力领略康德思想的风景。他马上问我怎么才能理解康德，我告诉他：孔子说登东山而小鲁，登泰山而小天下。世界上有很多高山，老子、孔子、庄子、柏拉图等都是人类思想史上的一座座高峰。这些高山虽然风景不一样，但是也有很多共同点。当一个人爬上喜马拉雅山的时候，一般的高山还算山吗？所以，作为一名中国人，要想领略其他民族文化的风景，应该好好地阅读中国的经典，当一个人真正读懂《易经》《道德经》《中庸》等中国经典的时候，也更容易理解康德在思考什么，究竟说了些什么。所以，越是经济全球化的时代，越应该好好打下本民族文化的基础。有了这个基础，才不惧风浪，才能经受考验，才能在各种坎坷面前保持定力。一个国家，有时如同一个人，当面临各种挑战的时候，能否保持定力，知道何去何从至关重要。近代中国，面对西方列强侵略，在船坚炮利面前，中国面临"人为刀俎，我为鱼肉"险境，什么全盘西化、什么保守主义等主张此起彼伏。初看起来，这是百家争鸣，实则是文化之根受到冲击之后方寸大乱的表现，结果进退失据，狼狈不堪。

他山之石，可以攻玉。以色列民族的历史，为我们透视文化认同和民族历史之间的关系提供了一个案例。以色列的国歌《希望》这样写道：

希望之歌
只要我们心中，
还藏着犹太人的灵魂，
朝着东方的眼睛，
还注视着锡安山顶，
两千年的希望，
不会化为泡影，
我们将成为自由的人民，
立足在锡安和耶路撒冷。

在以色列看来，只有以色列人还有着犹太人的灵魂，犹太民族无论多么颠沛流离，还一定会有立足锡安和耶路撒冷的希望。是什么东西塑造了犹太民族的灵魂？很显然，是犹太民族的文化！

对于任何民族而言，文化认同都是国家认同的深厚根基，也是民族保持向心力、凝聚力和生命力的源泉。没有了文化认同，爱国主义就是空壳，没有文化之根，民族的生存和未来也会经受严峻挑战。今天我们强调的爱国主义虽不是狭隘的爱国主义，但是，我们作为中国人，一定要知道我们之所以是中国人的根由，自觉地学习和了解自身的文化传统，做一个既理解本国文化又能够面向世界的清醒的中国人！否则，一个没有文化认同作为根基的中国人，只是一个空空的躯干，没有灵魂的民族，怎么可能拥有未来？

何以"安心"
——对信仰问题的沉思

何以"安心",是中国禅宗的一个"公案"。据记载,在南北朝时期,神光慧可禅师翻山越岭来到嵩山少林寺,拜谒达摩祖师,要求开示佛法智慧,并希望成为达摩祖师的入室弟子。达摩面壁静坐,并不理睬。于是,神光在门外伫候,甘愿做祖师的侍者。某一天,风雪漫天,慧可又来问法,达摩祖师依然默然。过了很久,站在山洞外的慧可已经大雪没膝。达摩看他求法虔诚,才开口问道:"你久立雪中,所求何事?"神光道:"惟愿和尚开甘露门,广度群品。"达摩说:"诸佛无上妙道,旷劫精勤,难行能行,难忍能忍,尚不能至,汝公以轻心慢心,欲冀真乘,徒劳勤苦";又说:"古来求法的人,不以身为身,不以命为命。"神光听此,即以自身佩戴的戒刀断臂在达摩座前。达摩说:"诸佛求道为法忘形,你今断臂,求又何在?"神光答道:"弟子心未安,请祖师为我安心!"达摩喝道:"把心拿来,我为你安!"神光愕然地说:"我无从觅心!"达摩微笑说道:"我已为汝安心。"

这就是禅宗历史上著名的二祖求法悟道的故事。我们在这里并非是要对达摩祖师"安心"背后的禅机做更深阐释。而且,禅宗讲求的是解行相应,也就是说,禅宗不是语言游戏,而是一个人只有行到那个状态上,才能明白达摩祖师的教诲,而我们一般人根本就是禅宗的门外汉,即便是谈禅,也无非是语言游戏而已。在这里,我们要思考的是,一个修行良久的大德高僧——慧可禅师,尚且还不能"安心",那我们每一个在万丈红尘中游走的普通人又如何安心呢？这才是我们要讨论的问题所在。

大家要知道，一个真正的修行者，其身、口、意都有戒律要求，都必须严格遵循，在这种情况下，慧可大师还觉得自己心意扰扰，纷繁杂乱，不得安宁，而我们这些生活在现实社会之中的人，面对的是名缰利锁，千般诱惑，更难做到心灵宁静。于是，一个问题随之而来：我们今天都在讨论幸福，都在追求幸福，可是一个真正有幸福感的人，不仅需要物质上的满足，也需要精神层面的那种宁静和安详。如果一个人的心中充满了各种挣扎、困惑、迷茫、纠结和痛苦，那么，这个人无论有多好的物质生活，都不可能真正拥有幸福。相反，哪怕是一个物质上并不十分富裕的人，但他的心灵拥有宁静和知足，那他也会是一个幸福快乐的人。那么，我们的心怎么样才能拥有那份祥和和宁静？面对人生的纷纷扰扰，面对世间的诱惑和考验，我们怎样才能给自己的心灵找一个家？这种心灵的归属和精神家园的安顿问题，实质就是一个人的信仰。如何解释信仰是什么，似乎很复杂。简单地说，信仰是一个人心灵的归属，是一个人思考问题和为人处事的出发点，是一个人遇到所有困难和考验时仍能安心的家园。

一个拥有信仰的人，在人生遭遇苦难之后，他知道如何化解；在人生拥有富贵之后，他懂得如何使用财富；在人生经历坎坷的时候，他能够自我反省。一个有信仰的人，他能够懂得带着慈悲的心、感恩的心、正直的心、广大的心、平等的心来生活，来看待生命的每一个缘分。可是，在经历了近代以来几次大的动荡和文化错乱之后，我们中国文化的根和精神家园，不断面临诸多的挑战。中华民族自改革开放以来取得飞速发展，这是世所公认的事实，如何真正解决精神家园的重建问题，这是我们每一个中华儿女都应该思考的重大课题。这个课题，是时代交付给我们的任务，而这个任务的完成，关系着千千万万国民的幸福和中华民族的未来。因为，信仰不仅影响着我们心灵的安放，而且也关系着民族的向心力、凝聚力和生命力。

信仰问题之重要，并不单纯是源于理论的分析，更是源于现实的需要。我曾经遇到很多人问我有关信仰的问题，诸如中国当前的信仰世界面临哪些挑战？我们应该如何重建中华民族的精神家园等，不一而足。看得出，那些在寻求如何"安心"的心灵，多么需要知道自己精神家园的归属在哪里。近些年，我们国家提出的"建设中华民族共有精神家园"的号召，就是对这个问题的回应。当然，从大的原则上看，"建设中华民族共有精神家园"应该是我们努力的方向，但如果追问如何在吸纳各种优秀文化资源的基础上真正建构共有精神家园，并不是一个口号就能解决的问题，需要我们更多的努力和探索。

  正是基于这样的考量，我把关于信仰和精神家园重建问题的一点思考，作为本书内容的一部分，希望能够给那些正在寻求精神家园的朋友们一点启发。

究竟是谁在救赎人类?
——对宗教的一种反思

宗教问题是人类文明史上的永恒问题,对人类社会的发展和人们精神家园的安顿起着不可替代的作用。思考信仰问题,离不开对宗教问题的研究和反省。2011年4月,我尊奉学校的安排,与北京市高校的一些从事哲学和宗教学问题研究的老师一起,参加了北京教工委举办的宗教问题研修班。我对宗教问题本来研究很不够,只是在思考中国哲学问题时,涉及佛教和道教的问题,但也只是浮光掠影,浅尝辄止。通过这一段时间的学习,我认识到宗教问题本身的复杂性和对国民进行正确宗教教育的必要性,心中对中国当前的宗教问题有了一些新的思考,现在把我的思考写下来,希望对朋友们理解、思考宗教问题有一些帮助。我们只有在宗教问题上做出更加理性的认知和研究,引导人们正确认知宗教问题的正能量,才能帮助人们树立正确的宗教观,才能有助于人们自觉拒斥各种极端的宗教势力渗透,才更加有助于人们心灵的安顿和社会的长治久安。

○其一,究竟是需要外在的救赎还是需要内在的觉悟?
——谁在拯救人类

在谈宗教问题的时候,我想起了一个红色摄影师的故事,而这个故事能给我们思考宗教问题提供很好的视角。沙飞，原名司徒传，中国革命战争摄影的创始人，中国共产党最早参加革命的红色摄影师之一。他曾拍摄大量反映社会生活与抗战的摄影作品，如《鲁迅先生最后的留影》《聂荣臻与日本小女孩》《白求恩在做手术》《战斗在古长城》等。其中，《聂荣臻与日本小女孩》的摄影，被很多人所熟知。可就在这个照片的背后，隐藏了一段让人深思的故事。

众所周知，抗日战争异常残酷，1940年8月，中国共产党领导下的八路军冒着死亡的危险，在战火中把两个日本的小女孩救了下来。当时，解放区生活异常艰难，聂荣臻同志仍然尽可能准备了老乡家里的土特产如核桃、梨等，让日本的小朋友吃。在一个连起码的充饥都不能解决的环境中，可以想见，这些东西在当时是多么的珍贵！有人质疑：中国人自己都几乎活不下去，为什么还要对侵略者这么好？对于这种做法，聂荣臻说：日本侵华，罪大恶极，我们不能伤及无辜，我们不能将罪过加在日本的后代身上。后来，聂荣臻专门派人用担子将两个小女孩送到了日本军营里。红色摄影师沙飞为此拍摄了大量的照片，为历史留下了珍贵的记录。

可后来的事情，却让人无法想象。日本有一次突袭沙飞所在的部队，当时晋察冀画报社的八路军和锄奸队的战士正在做饭，刚刚把水烧热，来不及做饭就紧急撤退。等他们回来以后，景象惨不忍睹：晋察冀画报社负责人的夫人被日军奸污并用刺刀挑死，更让人发指的是，烧水的锅里竟然被日军放进了两个孩子！这令人发指的野蛮让人无法接受！与此形成强烈反差的是，我们八路军在生活如此艰苦的情况下不仅救护日本的小女孩，而且尽可能将最好吃的东西给她们。但日本人却将中国的孩子放进了滚烫的开水里。在这鲜明的对比中，大家可以看到日本军人的那种极端非人道行为！

亲眼目睹这一惨状的沙飞，不堪心灵的撞击和折磨，精神出现了"迫害妄想型精神分裂症"。新中国成立初期，这位优秀的摄影师在住院治疗期间，由于精神的问题，认为日本医生要迫害他，后因误杀医生而被枪决。

我读了这个故事，心情久久不能平复。我们不禁要思考日本士兵缘何如此缺少起码的人性？日本人平时给人的感受，也不乏温文尔雅，为何在战场上如此禽兽不如？这其中的反差给我们很多值得深思的启迪。

如果究其野蛮现象出现的原因，是因为在很多日本士兵看来，战争是执行天皇和军国主义头子的命令，在所谓"圣战"的口号下，日本士兵的任何暴行都有了合法性，都不过是执行好战分子的命令而已，也不会有来自良心深处的反省、觉悟和自责。由此，我也想到了德国纳粹的大屠杀。很多纳粹军人在执行杀人计划的时候，异常地麻木和残忍，一个个鲜活的纳粹士兵竟然成为冷冰冰的杀人机器。而在平日里，这些杀人如麻的纳粹分子，不也文质彬彬吗？我们不禁要问：在执行屠杀的时候，这些人的人性哪里去了？为什么面对自己的暴行缺少最起码的良知的唤醒和自责？所有这些事情的背后，都有一个共性的原因：那就是当一个人把对外在的崇拜视为高于一切，而不是追求内在良知和理性的时候，任何来自崇拜偶像的命令，自己都会不遗余力地执行，而且毫无反省和自我纠正能力。也正是在这个状态下，任何良心的呼唤和自责都关闭了闸门，所谓的暴行、屠杀等令人类发指的罪恶，都被披上了合法性的外衣。简言之，当一个人陷入了对外在偶像盲目崇拜的泥潭中不能自拔的时候，良知和理性就会被蒙蔽，失去起码的自我反省和纠正能力。历史上这样的事情屡屡出现，无不是因为外在的狂热崇拜而丧失了一个人内在的理性和良知。

我们还可以再看一个欧洲历史的事例：大家都知道中世纪时代，欧洲有一个宗教裁判所，这是干什么的呢？那就是很多与教会说法不一致的人，都要接受裁判所的惩罚；而且这些持有异见者，被称之为"异教徒"。结果，多少有独立思考的人，有的甚至是大思想家、大科学家，都被活活烧死。为什么会出现这样的现象呢？那就是因为当一个人陷于盲目崇拜的狂热时，就会丧失自己的理性判断和思考，这个时候被崇拜者的命令就是圣旨，崇拜者只会成为执行命令的工具。这也是为什么会有多次的十字军东征，为什么布鲁诺被活活地烧死！由此我们可以看到盲目的迷信和狂热的崇拜是多么可怕！

对待宗教问题，我们应该从上面的例子中吸取教训。不可否认，作为有限的人，面对无限；作为此岸的生命，面对超越的彼岸，人类总是用各种努力来实现着对生命的超越和追问。这其中，宗教就是人类不断超越自我、寻求精神家园的一种方式。也就是说，在某种意义上，宗教体现着人性深处的一种必然需求。但是，我们应该用什么样的智慧来面对宗教，这却是一个最根本的问题。这不仅决定着一个人的宗教信仰是属于正信还是邪教，还决定着宗教能否真正对一个人的生命起到应有的教化作用。

根据上面事例的启迪，我们应该得出这样的结论：宗教最根本的目的是要引导人们实现自身的觉悟和心灵的净化，引导人做一个有觉悟、有智慧的人，而不是对偶像的狂热崇拜。如果信仰宗教的结果仅仅是崇拜偶像，而不是引导人们实现心灵的觉悟，那么，单纯的偶像崇拜就难以避免宗教的狂热和极端行为。历史上包括十字军东征等，有许多诸如此类的宗教极端行为，足以让我们深省。一句话，任何文化形态，包括宗教，如果不能从根本上激发人们的心灵觉悟和自我反省能力，都可能引发非常危险的结果，最终这种文化形态不仅不能带给人们幸福和安宁，反而会引发各种危害人类社会的极端行为，在我们的现实中，有很多这样的事例。简而言之，任何好的信仰都是从外在走向内在，其最终的目的都是让人成为一个有觉悟的人，有智慧的人，有理性认识能力、判断能力的人，有良知和社会责任感的人。

用这种观点看待文化包括宗教，我想任何一个文化形态包括宗教的信仰者，一定要注重自身灵魂的净化、智慧的提升、心灵的觉悟，而不是简单地崇拜外在偶像。简言之，文化的使命是提升人们的智慧和觉悟，而不是引人迷信和狂热。因此，一个人，对任何事情都要学会用自己的觉悟去分析，用自己的良知去判断，用自己的理性去分析。如果一个教徒，由于对外在的崇拜而迷失了做人最基本的判断能力和选择能力，那么人们就应该对这个文化系统作出反省。反之，任何一个文化系统，只要它有助于人们自身觉悟的提升和心灵的净化，有助于社会各要素的和谐共生，都有值得肯定的积极因素。如果人们在文化上真正能够做到和而不同，真正注重自我的觉悟，注重开启自己的良知，历史上的很多悲剧，包括当今的恐怖主义，都会在人们觉悟光芒的照射下失去存在的土壤。

人类最终的拯救，只能是自我的拯救！任何外在的盲目崇拜都会蒙蔽人类的良知和智慧，唯有不断提升内在的觉悟，净化人类自己的心灵，才是终极意义的自我拯救。一句话，人类的命运，其实就在自己手里！

○其二，中华民族共有精神家园的重建

任何一个民族，都不会否定人们信仰问题的重要性。一个没有信仰的民族，是心灵荒芜和精神无根的民族，也就无法形成强大的向心力和凝聚力。在经济全球化背景下，各民族都面临着激烈的生存竞争，如果一个民族没有精神层面的认同和支柱，很难实现长久的和平和发展。具体到中华民族的伟大复兴，除了发展生产增加物质财富之外，我们一定要重视中国人的信仰世界和精神家园的建设。可以这样说，中华民族如果没有自身的信仰世界和精神家园，一定不会形成强大的向心力和凝聚力，最终不免面临分崩离析的命运。对于当前中国精神家园建设的问题，我们应该将其放在历史发展的脉络中加以梳理、分析和思考。

纵观我们中国的近现代历史，会发现中华民族的信仰世界和精神家园经历了两次大的挑战和冲击。第一次是从传统中国的儒释道互补，到新文化运动之后对传统文化的批判而引发的信仰多元。在传统的中国，儒家体现了人们立人伦、振纲常的理想和抱负，为天地立心，为生民立命。这种家国天下的理想和抱负，吸引了无数的知识分子为之终生践行。但世事复杂，很多人未必就能够快意平生。于是道家那种忘世和逍遥，成为很多人心灵的家园。如果一个人对世事一切看破，也不会没有出路，正好万缘放下，遁入空门，好好修行，也可成佛做祖。中国文化的这种互补和相互滋生的局面，共同构成了几千年中国知识分子的精神家园。以苏轼为例，既不乏"大江东去，浪淘尽，千古风流人物"的大气磅礴；也不乏"莫听穿林打叶声"的道家逍遥；也有佛家"也无风雨也无晴"的看破和放下。以出世的精神，做入世的事业，看淡名利，却能够认真投入，这是很多中国大知识分子的境界。可是，近代以来中国面对现代性的冲击，很多中国人开始反省中国文化问题，于是提出了"打倒孔家店"的口号。应该承认，到了近代，由于中国社会自身的原因，我们应该在文化层面作出检讨和反省。但是，新文化运动却开启了全盘否定传统文化的先河，这不免造成了对中国传统信仰世界的摧毁。面对这一次的信仰危机，毛泽东在新中国成立后进行了信仰重建。我们会发现，毛泽东提出的学习雷锋、焦裕禄、王进喜等，都包含了他对如何重建中华民族信仰世界的思考；毛主席诗中的"六亿神州尽舜尧"，则表达了他对重建中华民族精神世界之后的向往和期待。尽管现代很多人对新中国成立以后重建信仰世界的做法提出了一些反省和批评，但不可否认的是，新中国成立后以毛泽东思想为旗帜的信仰世界，对于中华民族应对各种困难提供了强大的精神支持，成为中华民族向心力和凝聚力的精神源泉。

第二次中华民族共有精神家园面临的挑战，源自改革开放后中国社会的急剧转型。改革开放后，中国推进社会主义市场经济改革，取得了丰硕的成果。中国改革开放的必要性和合法性已经成为时代的共识。但是，我们也要看到，随着市场经济改革的深入，新中国成立后的中华民族的精神世界也不可避免地受到冲击，这是显而易见的事实，切不可掩耳盗铃。因此，我们在充分肯定改革开放必然性和合法性的同时，也应该深思面对新时代中华民族共有精神家园面临的挑战和内在要求，以及中国如何重建自身的精神家园。中国有句古话：不破不立。但是对于改革开放以来精神家园面临的冲击，我们如何重建与新时期社会要求相适应的精神世界？这是摆在当前中国社会和学界面前的大问题。从某种意义上说，当前时代是中国人集体精神焦虑的时代，是中华民族精神家园遭遇冲击后纠结、困惑和再探索的时代。价值观和精神家园失范的时代，必然会出现很多匪夷所思的事情，也很容易因为思想、价值观的混乱而引发严重的社会问题。

针对当前中华民族共有精神家园建构的问题，中共中央多次强调"建设中华民族共有精神家园"的重要性。我个人的看法是，我们在建构精神家园问题上，一方面要消除社会上存在的各种不利于社会和谐的极端信仰；另一方面，更要大力弘扬和传播优秀文化。习近平同志多次指出，我们之所以是中华民族，是因为我们有独特的精神世界。中华民族精神家园世界的建设，一定是传承和创新的统一，是维护民族文化主体性与海纳百川的统一；同时，我们还要建构中华文化内在的反省和自我批判机制，从而力求随着时代的变革永葆生机，永远与时俱进！

《黄帝内经》里有一个思想：扶正固本，邪不可干。这句话的意思是说，只有不断地增强一个人的正气，疾病才没有滋生的机会。在建构中华民族共有精神家园的问题上，也是同样的道理。我们不仅需要破除极端信仰的渗透，我们更应该大力弘扬优秀文化，支持那些中道理性的信仰。在这种情况下，人们自然就有了明辨是非的自觉，就有了抵御极端思想影响和渗透的能力。需要注意的是，中华民族是一个多民族、多元文化的国家，建构中华民族共有精神家园一定是包括了多层次文化需求的有机统一。

党和政府提出的"中华民族共有精神家园"的概念就是很有创意的提法。这个提法意味着不是把某一个文化形态提高到绝对的位置，而是寻求中华民族各种合法信仰的共同内容，并将其作为凝聚中华民族向心力的精神支柱。

○其三，信仰问题与中国文化的主体性

放眼全球几千个民族，历史和文化没有中断、绵延不息到今天的民族唯有中华民族，我们应该追问是什么原因让中华民族能够历经磨难发展到今天？答案就是中华文化的凝聚力。不可否认，中华文化是中华民族认同的精神支柱，是中华民族之所以是中华民族的特殊标识，是维系民族向心力和凝聚力的根本支柱。在世界多民族共生的今天，我们对中华文化的自觉，实际上也是对中华民族如何屹立于世界民族之林的自觉。没有了中华文化，我们中华民族的认同何在？我们何以保持强大的向心力和凝聚力？换一句话说，没有了中国文化的认同，中华民族很难不面临分崩离析的忧患。因此，在一定程度上，中华文化的生命力涉及中华民族向心力、凝聚力和未来发展，是一件关系中华民族生死存亡的大事。因为，当一个民族的文化和心灵被摧毁的时候，这个民族向心力、凝聚力和生命力的源泉与支柱就没有了；那么，这个民族还有未来吗？从这个意义上说，传承和弘扬优秀中华文化，是涉及国基永固的大问题！在爱护、学习、传承、弘扬中华优秀文化的问题上，切不可糊涂。

当然，在另一方面我们也必须看到，自近代以来，中华文化面临现代文明的冲击，中华文化有很多问题需要反省和接受洗礼。因此，我们今天提出的振兴中华文化，是在正视现代性挑战和继承优秀民族文化传统的基础上建设中华民族的新文化。在这个过程中，我们一方面要自觉维护中华文化的主体性，同时也要保持自我清醒，力求自我批判与海纳百川有机统一起来。简而言之，我们学习其他民族文化优点的前提是维护本民族文化的主体性，绝不是否定中华文化的价值，更不是泯灭中华文化的生命力；在这个基础上，我们要更加自觉地吸纳世界上一切优秀的文化成果，为我所用。维护中华文化的主体性，是指中国的现代化，是在中国文化根基之上的一种自我生命力的提升与超越，是自我反省与海纳百川之上的一种自我升华。中国的现代化过程，绝不是漠视时代潮流；更不是对发达国家的简单模仿，而应该是中华文化在新时代的一种自我提升。好比是一个人的成长，无论我们怎么样学习别人，我还是我！中华民族必须有自己的尊严，必须将现代化奠基在本民族坚固的文化根基之上，这是中华民族不断自我提升和扬弃的根本！

可以说，维护文化主体性是一个关于民族生存合法性和国家安全的大问题。表现在信仰领域,中华民族也必须有自身精神家园的安顿方式。让人忧虑的是,在当前中国的信仰领域,存在一些极端势力,他们排斥异质文化的合法性,不允许其他文化的存在,只承认自身文化形态的合理性。这种因宗教而引发的文化上的狭隘和极端,非常不利于文化的健康发展。人类的文化,只有百花齐放才能让各民族互相学习、共同进步。否则,文化霸权的结果只能导致文化的凋零和对人们精神家园的摧残。对此,我们要保持足够的清醒。

曾有学者指出,中国文化在历史上有很强的包容性。对于中华文化的未来与主体性问题,我们不必要大惊小怪。一方面,历史上各民族交往简单,中华文化并没有遭遇严重的挑战;而当今是一个全球化的时代,中华文化面临着前所未有的巨大冲击。另一方面,自近代以来,中国的文化根基遭到了严重破坏,实事求是地说,当前的中国人许多在中华文化的功底上有所欠缺,很多人连中国优秀传统文化中最起码的经典都不曾阅读。这就直接导致我们缺少健康吸收外来文化的基础。面对外来文化的渗透,我们缺少正确认识的态度,甚至,很多人在根本不了解中华文化的前提下就妄自菲薄,不断地诋毁本民族的文化,崇洋媚外。客观地说,当前社会上确实有一些人在诋毁中华文化,如否定中医等。可是大家再问一问:这些人究竟了解多少中华文化?他们系统地读过中国文化的经典吗?最可怕的就是有些人先入为主地对中华文化心存偏见,道听途说,在没有真正理解中华文化智慧的时候,就妄加批判和指责,这种非理性地看待中华文化的态度,值得注意。一句话,对于任何事情,在没有真正了解事实情况的时候,不要轻易地作出价值判断。

此外,近代以来,中国民间信仰被摧毁之后面临的信仰挑战,也需要引起重视。我想在这里讲一个故事:在某地农村,有一个妇女信仰了某一种外来宗教。结果在春节的时候,不允许家中任何人对灶王、财神、关帝爷、玉皇大帝、土地神、祖宗等予以祭祀。作为一个中国人,都明白祭祀对于春节的重要性,儒家说神道设教,就是祭祀的过程,也是人们自我反省和感恩的过程。而且，中国文化是一个宽容的文化，允许人们有多元的文化需求。这个妇女的做法，自然引发了丈夫的反对。丈夫说：你信仰你的，我祭祀我的，互相尊重。应该说丈夫的建议非常中肯可行。结果，妻子坚决不答应，而且认为丈夫的信仰都属于魔鬼的范畴。最后，丈夫由于生气而引发了脑血管破裂。这个故事，很值得我们深思。任何一个文化，如果只认为自己正确，决不允许其他文化的存在，这是非常危险的事。世界的本来状态，就是互相尊重，互相理解；如果自以为自己才是真理的化身，决不允许不同文化的存在，必然会引发很多冲突。我们更进一步问，这个妇女真理解她所信仰宗教的含义了吗？可见，我们要想正确理解外来文化，也需要有自身文化的基础；否则，就容易偏狭和极端。

基于此种分析，文化界要从国家安全和文化安全的角度，重视如何促进中国文化建设的研究，重视极端文化形态渗透中国的研究，并力求做到一方面带着开放的胸怀去充分吸纳世界上一切优秀的文化成果，并使之融化为中国文化的有机组成部分；同时，也要警惕极端文化力量的渗透，从而让我们的文化更加包容、更加开放、更加有生命力。《论语》中有一句话：士不可以不弘毅，任重而道远。我想这里的"毅"，是指维系人类文明薪火相传、永葆生机的智慧和精神，知识分子有责任为了让人类社会更加文明和谐而不懈努力。

以上三点是我在研修班学习期间的一点心得，希望对中国文化的发展和社会和谐有所帮助，希望对读者朋友正确认知信仰和宗教问题有一点帮助。自1840年鸦片战争以来，中华民族历经百年苦难才迎来新中国的诞生，我们要懂得和平稳定来之不易，要倍加珍惜今天安定团结的局面，真诚推进社会各项改革，警惕包括宗教极端势力在内的各种极端思潮对社会发展的影响，未雨绸缪，全方位采取措施，为实现中华民族伟大复兴做一些实实在在的工作。

"大师"现象与盲目崇拜

近些年，在中国社会中有一种"大师现象"，诸如气功"大师"、营养"大师"、灵修"大师"，乃至各种"教主"等，纷纷粉墨登场，可谓此起彼伏。后来随着事情真相的进一步揭露，人们会发现：有一些所谓的"大师"或者"教主"，很多都是"伪大师"和别有用心之人，经不起历史和事实的检验。那么，我们要问：是什么原因导致这些所谓"大师"现象的存在？我们应该从中反思什么样的经验教训？一句话，所谓"大师"现象的背后，我们需要做出什么样的应对？

首先，我们不妨先看一下真正的大师给我们什么样的启发。

孔子，全世界公认的最伟大的思想家之一，中国文化的圣哲，老人家主张"三人行，必有我师""毋意，毋必，毋固，毋我"。我们阅读《论语》，会发现很多学生和孔子都进行着平等的对话，互相沟通，教学相长。孔子鼓励学生"当仁，不让于师"，君子之间，当如切如磋，如琢如磨，反对所谓的"个人崇拜"。

近代著名的佛学大德虚云老和尚，一身担禅宗五家法脉，可谓百年不遇的大德高僧。但是，如果大家阅读老和尚的著作，每每给人开示的时候，都是以"老朽"自谦，让人肃然起敬。不独是中国，古希腊的思想家苏格拉底，明确地提出一句话：我知道我是无知的。这是非常具有理性而且智慧的警语，折射了人类对自我局限性的反思和清醒。

当我们真正阅读人类文化史时，就不难发现这样的现象：越是真正有水平的人，越是真正有智慧的人，越是真正有德性和人格的人，越是懂得谦卑，越是懂得海纳百川，越是懂得天外有天，人外有人。相反，往往那些井底之蛙，既没有见识，更不知山高水深。此种人多半很自负，不仅是自我欣赏，而且喜欢别人的吹捧和崇拜；自以为是，刚愎自用，更难听得进别人的建议和批评。当代学者季羡林，是世界著名的语言学大师，他对梵文、巴利文、吐火罗文等的研究，可谓海内独步，可是老人家在晚年专门撰文，提出自己既不是国学大师，更不是泰山北斗。事实上，老人家的谦卑，一点不影响社会对他的认可和尊敬。真正智者的谦卑，一方面说明智者对自我的清醒体认；另一方面，也是出于对人类生活其中的无限复杂世界的敬畏。反过来，一个没有自知之明，在无限复杂的宇宙面前不懂敬畏的人，往往会狂妄自大，这也应了中国的一句古语：无知者无畏。

其次，我们要透析一下所谓"大师"现象的实质。需要说明的是，我们反对"伪大师"的时候，并不是一味地否认大师的存在。但真正的大师，绝不是自我册封的"大师"，而是那些为人类的文化做出巨大的贡献、在人类文化上能够融会贯通、在漫长的历史过程中经得起时光检验的真正的文化巨人。而一些盛名之下其实难副的"伪大师"们，不仅是缺少对自己缺陷的反省，缺少对无限宇宙和复杂人生的敬畏，更是为了博得自己的虚名，或者为了得到不可告人的利益，给自己编织各种光环。而真正的大师，一定是智慧、境界、人格到了相当的高度，不仅在文化成就上能够蔚为大观，而且眼中往往没有自己，能够真正为了众生的利益奉献自己，更不会以大师自居。因为，真正的大师，能够对人类的命运有深沉的思考，对人类的苦难有深切的悲悯，对人类的未来有深刻的洞察，对人类的福祉能够一肩担起。越是真正的大师，越能够在思考中体认到宇宙的浩渺、文化的博大，总是会时时感受到自己的不足。

再次，我们不妨深入分析一下所谓"大师"现象存在的原因。任何事情的存在，都需要各种条件。社会上"伪大师"的存在，也是如此。如果某一个人自以为是"大师"，单纯地自我吹捧，他恐怕也不可能形成气候；

这还需要一些别有用心的人对这些所谓"大师"的推波助澜。我们不禁要问,"伪大师"们的自我宣传和标榜,无非是为了名和利;那么,为什么会有其他人也喜欢对这些所谓的"大师"予以追随和吹捧呢?

如果我们深入分析各种"伪大师"的追随者,会发现有以下几种情况:

其一类人,他们从中看到了利益,认为在造神的过程中,可以得到不可告人的利益,达到迅速敛财的目的。也就是说,只有把所谓的大师高高捧起,才能通过愚弄大众换得经济利益。更有甚者,利用信徒的盲目崇拜,不仅骗财,而且骗色。这种现象媒体已多有报道,不再赘述。

其二类人,就是那些"糊涂"人,完全丧失了自己的理性判断,丧失了反省和批判能力,完全拜倒在偶像的脚下,轻易地被人愚弄和欺骗。这个时候,所谓的大师早已经成了这些人心中的"神",崇拜者只会唯唯诺诺,匍匐在"偶像"的脚下,形成了强大的心理暗示。而且,一旦一个人失去了自我的理性和反省能力,就会完全丧失自我,偶像怎么做都是对的,一个拜倒在偶像脚下的人,一个丧失了自我理性、反思和独立判断的人,就会自觉不自觉地为偶像辩护,这就完全跌入了迷信的深渊,可谓不可救药。

当我们看穿了这些"伪大师"的面目与实质之后,我们到底应该怎么正确看待当前社会上层出不穷的"伪大师"现象呢?

其一,我们要明确反对的是"伪大师",而对真正的文化大师,自然要报以深深的敬意。文化的发展,确实需要一个个真正的文化大家,他们以自己的智慧、人格和文化上的贡献,推动人类社会和文化的进步。老子、孔子、庄子、孟子、苏格拉底、柏拉图、亚里士多德等,都是这样的文化大师,各以自己独特的智慧和对人生、宇宙的理解,推进了人类文明的进程。所以,我们不必要走极端,一概反对和否认大师的存在。我们所要反对和提高警惕的是"伪大师"现象,是那种并没有真正具有大师的智慧、更没有大师的人格和修养,只是为了追求不可告人的利益的"伪大师"们,对这些人,我们必须擦亮自己的眼睛。

其二，我们要明白真正的大师和"伪大师"之间的区别。真正的大师，不仅在于专业领域的领袖地位，而且能够在不同文化形态间融会贯通。不仅如此，他们的人格、德性、谦卑等人性光辉，同样是人类文明宝贵的财富，照亮人类文明的前程。而那些"伪大师"们，不论怎么伪装，其背后的实质只有自私，不论伪装得多么巧妙，无非是在愚弄大众的过程中，满足自己的虚荣和贪欲。在价值观层面，可以这样说，利益众生的是大师，自我谋算的是"伪大师"。

其三，就种种"伪大师"们出现的原因看，我们会发现有两方面的因素是"伪大师"们层出不穷的重要条件：一是某些人为了满足膨胀的自我私利，利用人们对大师的盲目崇拜而谋取利益；二是由于人们缺少理性、反省和批判精神而导致的对所谓的"大师"们的盲目迷信和狂热崇拜，这二者缺一不可。始作俑者看到通过制造"大师"，就可以实现名利双收，于是就会制造各种"神奇""伪大师"在前台表演，追随者则屡屡为"伪大师"背书，制造崇拜的气氛；再加上人们的盲目轻信和吹捧跟风，就自然会产生各种形形色色的"大师"们。

针对这两个原因，我们必须有针对性地提出解决办法。比如，对那些通过制造"大师"而企图谋取名利的人，我们在加强对社会大众道德人文教育的同时，必须加强法制建设。通过法律的制裁，让那些敢于制造"伪大师"的人，都为此付出沉重的代价。只有这样才能良心上唤醒、现实中震慑那些别有用心的人。而针对社会上那些缺少理性、反省和批判的精神而盲目跟风的人，需要我们在社会上推行必要的文化启蒙和教育工作，启发人们的理性精神与内在觉悟，从而让人们具有独立思考和正确判断的能力，从而不要轻易地遭受别有用心之人的愚弄和欺骗。

当前，面对中国社会时常出现的"伪大师"现象，有的人甚至认为是中国文化使然，仿佛中国固有文化是产生"伪大师"的土壤，其实这是对中国文化的误解，应该对此加以说明，以正视听，以免引发人们对中国文化的错误认知。

结合对中西文化的比较，我们不难发现，中国文化的实质绝不赞成盲目的崇拜，而是真正注重对人们内在智慧的启发，从而做一个真正觉悟的人。

在如何启发人们的理性和独立思考的问题上，西方文化经历了一个非常复杂的历史过程。在中世纪时候，人们对宗教就是处于完全崇拜的氛围，社会也不允许人们有自己的判断和理性。所以，在西方的中世纪时期，出现了十字军东侵、烧死异教徒等违背人类起码良知的事情。但是，经历了一千多年的基督教控制，西方人兴起了文艺复兴运动，其实质就是反对愚昧，主张人性的解放。随后的启蒙运动，主张发扬人类的理性精神与独立思考的能力，主张人人都做大写的人、具有独立人格的人，反对狂热的迷信和盲目的崇拜。应该说持续几百年的文艺复兴和启蒙运动，对于西方文化的觉醒起到了不可替代的作用。所以，在今天的西方社会，特别强调人们的独立思考和判断，在这样的社会环境中，"伪大师"们也难形成气候。即便是这样，我们会发现，人们的盲目崇拜现象在西方社会也不可能完全根除。比如，德国这样一个非常严谨的国家，都没有能力阻止德国人对希特勒的那种迷信和狂热。究竟为什么会出现"希特勒现象"？究其原因，我们会发现经济、文化、心理、政治、外交等因素都起到了某些作用，极其复杂，需要做专门研究。但我们从中可以得出这样的结论：唤醒人们的理智和觉悟，是一个永恒的过程。从某一方面说，启蒙是人类永恒的话题。

在中国，却是另外一种文化风景。中国文化究其本质而言，认为人人都有内在的觉性与自我觉悟的能力，只要人人发挥自己本来具有的觉悟能力，人人都可以为尧舜，人人皆可以成佛，而不主张外在的迷信和盲目崇拜。因此，中国文化从根本上反对在狂热的迷信中失去对自我的觉悟，强调"人人有个灵山塔，好在灵山塔下修"，主张人人发挥自己的智慧和觉悟能力，人与人在觉悟能力的层面处于平等地位。但是，在历史发展的过程中，很多人并没有真正领会中国文化的大智慧，加上一些统治者为了维护自己的统治，故意制造偶像崇拜和迷信的氛围，其目的是为了维护自己的统治。这种做法给中国文化的健康发展带来了严重的伤害。近代以来的新文化运动所开启的理性和启蒙教育，就是对历史上文化愚昧的反思与批判。尽管这场运动有诸多问题，但作为对历史的反思，无疑有它的积极价值。

另一方面不可否认，迄今为止，中国固有文化中的一些非理性的迷信和盲目崇拜因素仍然存在，这些东西虽然根本违背中华文化的内在精神，却在某种程度上给那些伪大师的存在提供了某些适宜的土壤。实际上，近代的一些远见之士早已经看到这些问题。近代的佛学大德太虚大师，就力主推进"人生佛教"，反对迷信的佛教、遁世的佛教，主张佛教在人间，主张佛教目的在于启发人们的智慧和觉悟，而不是让人们在偶像的崇拜中失去自己。太虚大师以自己的远见卓识，成为近代开风气之先的领路者和真正的大德高僧之一。因此，在文化建设问题上，我们一方面要恢复中华文化的本来面目，发扬其本来具有的那种智慧和觉悟精神，反对盲目的迷信和狂热的崇拜；同时，也要学习人类不同民族文化的智慧和理性精神，从而引导人们有自己的判断和分析，引导人们有独立的人格和自由的思考，能够带着自己的理性和智慧做出审慎的判断和分析，从而拒斥任何的盲目崇拜和狂热的迷信。这样，任何伪大师的造神运动，在人们的智慧之光照耀下，都会现出原形而没有市场。

一句话，我们尊重真正的大师，但我们要坚决反对所谓的"大师"。我们要善于揭穿那些伪大师背后的贪欲和不可告人的私利，不被其光怪陆离的宣传迷惑，引导人们做一个真正大写的独立思考的人，高扬人类的理性和反思精神，做一个真正有觉悟的人。同时，对那些真正人类文明路上的领路人，我们带着尊重的心、感恩的心、学习的心，敬重而不盲目崇拜，在圣贤智慧的启迪下，提升智慧，拓展格局，净化心灵，完善人格，自觉而觉他，传承文明，开启中华民族崭新的未来。

"正信"和"迷信"

据媒体报道，2014年5月28日，山东招远一家麦当劳的惨叫声打破了夜晚的宁静。六个信奉邪教的人员，因为一个女孩拒绝被传教，当场将其打死。殴打的视频发到网上之后，让很多人感到极其震惊，随之引起轩然大波。很多人在谴责罪犯丧心病狂、令人发指之余，也在思考有关邪教引发的问题：是什么样的力量让这些人如此丧心病狂？在信仰的问题上，究竟什么是我们应该警惕的邪教？什么是值得我们尊敬的正信？这是我们在思考信仰问题的时候必须加以廓清的大问题。在人的生命中，一个人的信仰决定了这个人会走什么样的人生道路，会有什么样的价值观、思维方式和行为方式。如果我们对邪教和正信的问题搞不清楚，我们在确定信仰的时候就有可能做出一个不恰当的选择，对自己的命运、家庭和社会和谐，都会有不好的影响。

如果大家放眼世界，会看到有各种各样的信仰模式，纷繁芜杂，我们对于信仰的判断，不要先入为主地以哪个信仰为标准，而是力求客观地对信仰问题做一个探究：

其一，一个好的信仰，一定是引导人做一个光明正大的人，一定有助于培养人们宽容、仁爱、上进、开明、有责任的品格，一定是有助于启发人们的内在觉悟和理智判断的能力，从而做一个堂堂正正大写的人。也就是说，一个好的信仰，会引导信众做一个与人为善的人，一个对社会、国家负责的人，一个宽容友爱的人，一个不走极端的人，一个充满热忱和积极上进的人，一个开明的人。如果一个信仰引导人们走上了偏狭、迷信、极端、盲目崇拜的道路，不是引导人们自我觉悟，不是让信众做一个宽容的人、慈悲的人、和善的人、负责的人、开明的人，那这个信仰恐怕就要引起我们的警惕。不可否认，在现实中，我们确实看到一些人在信仰某些宗教之后，变得精神敏感，举止乖张，偏狭极端，不懂得宽容，待人也做不到和善友好，这样的"信仰"，无论是对于信众个人、家庭，还是国家社会，都不是好事情。

其二，一个好的信仰，一定是懂得海纳百川，一定是既认为自己的信仰好，也能够充分地尊重其他的文化形态。因为，在这个世界上，任何一个文化形态都在用自己的眼睛看世界，都看到了这个世界的一个方面，都有值得我们尊重和学习的地方。任何民族都有自己的优点，也有不可回避的不足。正因为如此，我们应该自觉尊重多元的文化生态，反对极端的信仰，反对那种唯我独尊而不懂得尊重其他文化形态合理性的信仰。如果是一个只认为自己有道理、而否认其他信仰合法性和合理性的信仰，就会导致人们走向极端，不懂得真正尊重其他人的选择，还会引发不同信仰之间的争端和冲突。费孝通先生曾经提出一个对待不同文化的理性态度：各美其美，美人之美，美美与共，天下大同。也就是说，每一个信仰都认为自己是好的，这很正常；但不仅认为自己是好的，也要懂得尊重其他的文化形态和信仰，懂得学习其他文化的长处和优点。只有不同的文化形态和信仰互相尊重、包容和学习，这个世界才是和谐世界、大同世界。

通过上面的分析，我们总结出来判断一个信仰优劣的尺度：那就是首先看这个信仰对于个人的成长、对于国家和社会的发展是否有益。其次，就要看这个信仰是否能够充分尊重不同文化和信仰的合理性和合法性，是否具有海纳百川的胸怀。简言之，凡是有利于个人成长、社会和谐、国家安定的信仰，面对不同信仰和文化形态能够和而不同、海纳百川的信仰，都是值得尊重的好信仰。反之，如果让人狭隘极端、逃避责任、盲目迷信的信仰，都不能算是好信仰，会对个人、国家产生消极影响。

总之，关于信仰，大家固然有自由选择的权利，但有两点需要注意：第一点，信仰和民族发展的关系十分密切。可以说，任何一个民族都有维系本民族向心力和凝聚力的信仰世界，而这个信仰是维系民族生命力和发展的重要精神力量。没有了本民族特有的精神世界和心灵家园，任何一个民族都不可避免分崩离析的命运。从这个角度看，每一个人都对本民族信仰世界的重建和维系负有责任。当一个民族的信仰世界被摧毁的时候，这个民族也无法存在下去。因此，我们作为中国人，一方面要尊重不同的信仰形态，同时更要爱护本民族的信仰传统，儒家、道家、佛家等文化，是中华民族的共有精神家园，并结合时代的发展使之重现生机。第二点，信仰作为一个人的自由选择，在真正确立信仰的时候，应该先认真、全面地对信仰做一个了解，阅读他们的经典，真正对信仰背后的人生观、世界观有一个基本的理解，然后才能慎重地做出选择。近代学者梁启超曾经对信仰有一个看法，认为只有引导信众走向自我觉悟的信仰才是正信，正信的力量在于引导人们宽容、慈悲、上进、开明，在于启发人们的内在智慧而非盲目迷信。反之，那种不启发人们自己的觉悟，而只是要信众盲目崇拜和外在祈求，这种信仰恐怕就很难说不是迷信而是正信了。尤其是我们要警惕那些极端偏狭的所谓"信仰"，向信徒灌输自己唯一正确的狭隘观念，不能懂得欣赏其他信仰和文化的优点，不懂得海纳百川与和而不同，甚至引导信徒采用极端的方式伤害与自身信仰不一致的人，这些极端的思想和做法，不仅违背人类文明的常识，还容易引发各种冲突，需要引起我们警惕和重视。

面对信仰，我们期望每一个人都有自己心灵安顿的方式和精神栖息的家园。人人心灵充盈、有爱心、宽容、开明上进，都能够既爱护自己的文化，也尊重不同的文化形态。而且，因为有了心灵世界的归属，而让我们的人生更加幸福和有意义，让我们的国家和社会更加和谐和有希望。

中国文化的信仰世界

任何一个伟大的民族,都有自身精神家园安顿的方式。中华民族绵延不息几千年,创造了蔚为大观的文化,其文治武功在整个人类的历史上都举足轻重。那么,在几千年的长河中,我们中华民族是如何安心的呢?中华民族精神家园安顿的方式,对于今天的中国人,乃至整个人类社会有哪些启迪呢?这是我们思考中华民族信仰世界时必须回应的问题。

一谈到信仰时,仿佛很神秘,其实所谓信仰,是指一个人内心深处的依靠和归属,使之无论面对任何考验和困难时都能找到支撑的支点。可以这样说,信仰给了一个人心灵强大的依靠,是一个人无论面临多大的考验和困惑都能找到答案的精神家园。比如,人生一世,我们为什么活着?看到社会上的很多不公平,怎么理解人与人之间不同境遇和命运?当遭遇人生的各种考验和波折时,我们如何安抚自己的心灵?死亡是每一个人必须面临的人生终点,如何看待死亡?诸如此类的问题,都是困扰很多人的问题。可是,一个有信仰的人,可以清晰自己的使命和责任,可以从容看待生命的各种考验,可以直面生命的终结。一句话,正是信仰的存在,让一个人在面对人生所有的困惑和挣扎时,有了一个如何思考和回应的支点和精神家园。那么,中国文化给予了我们一个什么样的信仰世界呢?

中国文化的内在结构,经历了一个不断演化和发展的过程。总的说来,经过不同流派之间的学习、碰撞、吸纳,两千多年以来,中国文化基本形成了儒释道三家互补的文化格局。需要指出,中国文化内涵丰富,除了儒释道基本的结构之外,还包括中医、绘画、武术,等等。中国是一个多民族和谐共生的大家园,其所创造的文化自然也是丰富多彩,儒释道三家互补只是从主要的角度而言。从中华民族信仰世界的角度而言,儒释道三家各有特色,恰恰又是互相支撑,共同构成了中华民族的精神和信仰世界。

我们先看儒家。"儒"这个字就包含了它的使命:一个"人"字旁加上一个"需"字,合起来就是人之所需。因此,如果想把人做好,必须先读儒家的书。可以这样说,儒家是我们做人的百科全书,把我们做人涉及的方方面面问题,都作了回答。比如,在人生的目的问题上,孔子告诉我们"士志于道,而耻恶衣恶食者,未足与议也",意思是人生最重要的是弘扬道义,而不是为了穿好的衣服、吃好东西;对于富贵,孔子说"不义而富且贵,于我如浮云"。由此,我们可以看出,儒家告诉我们人生一世,不单纯为了吃饭穿衣这样的物质追求,而且还有自己的使命和责任,实现道义才是人生的最高追求。正是在这个意义上,孔子才说"杀身成仁"。孟子曾经说:人之异于禽兽者几希,君子存之,小人去之。孟子的意思是:人和动物的区别并不大,但君子能够把这种区别保留下来,而小人则把人与禽兽之间的一点区别丢掉了,所以称之为"衣冠禽兽"。这个人与禽兽的区别,很重要的一点就是人绝不仅仅满足于饮食男女的需求,而且要追求和弘扬道义。当然,如果追问道义的内涵,自然是仁者见仁,智者见智,但就其基本的方面而言,道义实际上就是人之所以是人而不是动物那种精神、原则和规范。如果,没有了道义,人与人之间,尔虞我诈,弱肉强食,则等同于动物之间的抢掠和杀戮。正因为有了中国文化所强调的道义,中华民族无数的志士仁人,才能够每每在国家需要的时候,放下个人得失,杀身成仁,舍生取义,而卓然成为民族的脊梁和历史的丰碑。

在具体的生活中,儒家也给予了全方位的指导。如在追求个人利益的时候,孔子说见利思义,君子喻于义,小人喻于利。这句话的意思是说,我们可以追求利益,但一定是正当的利益,是合道义的利益。君子在做事情的时候，首先想到的是这个事情是否符合道义，而不是首先考虑是否对自己有利。这些思想对于我们如何正确地看待利益、如何追求正当的利益提供了指导。《大学》这本书也说"货悖而入者，亦悖而出"；这句话是说如果一个人获得了不义之财，也会因东窗事发而被剥夺。大家看看在国家推进反腐败工作的时候，那些以权谋私、权钱交易的人，一夜之间所谓的财富和地位灰飞烟灭，甚至家破人亡，这不正是"货悖而入亦悖而出"的生动体现吗？

比如在如何处理人际关系的问题上，孔子的学生子夏曾经说：四海之内皆兄弟；孟子认为敬人者，人恒敬之，爱人者，人恒爱之。一个人只有真诚地对待别人，才能得到别人的尊重。在对待社会责任的问题上，孟子主张"老吾老以及人之老，幼吾幼以及人之幼"，从爱自己的亲人开始，推广到爱天下的人，从爱天下的人开始，到爱天下的万物，这就是"亲亲而仁民，仁民而爱物"。这是非常博大的胸怀，中国人不仅有西方"爱人"的精神，更是推广到爱天下万物的胸怀，对于今天人与自然的关系，深具启发。在如何做官的问题上，孔子说"为政以德，譬如北辰，居其所而众星拱之"；又说"政者，正也；己不正，何以正人？"这对于做公务员的人，不失为永远的教导，不论在任何时期，公务官员，作为一个为众人服务的职业，务必要两袖清风，一身正气。唯有如此，才能真正胜任公务管理的职责。中国文化不仅强调"德"，也强调"法"，对于二者的关系，也有非常深刻的认识。孟子曾说："徒善不可以治国，徒法不可以自行"，治理国家，必须是加强德行教育与法制规范的有机统一。在遇到各种考验的时候，孟子说得很清楚："天将降大任于斯人也，必先苦其心志，劳其筋骨，饿其体肤，空乏其身，行拂乱其所为，所以动心忍性，增益其所不能"。这说明，人这一生，都一定会遇到各种考验，孟子告诉我们，一个人能够吃多少苦，才能承担多大的使命和责任。正是在直面各种考验的过程中，一个人的心智逐渐成熟，处理问题的能力逐渐得到提升，因此人生无论遇到任何的苦难，都不要怨天尤人、自暴自弃，而是要勇于承担，善于学习，并在这个过程中历练自己，完善自己。

　　大家如果阅读儒家的书，就能体会到儒家不愧为"人生的百科全书"。他告诉我们如何看待生命的责任、使命和意义，如何做一个堂堂正正的人，如何看待生命中的各种境遇，等等。但是，当大家真正去为国为民做一番事业的时候，不免发现：世事纷纭，各种因素盘根错节，并不是自己想干成一番事业就能心愿达成，更不是说一身正气就可以风生水起；相反，我们会看到很多的事与愿违，看到很多的无奈，好人可能落寞终生，敢于负责的人却往往四处碰壁，那么，我们如何安抚生命遭遇的局限和无奈呢？这个时候，道家和佛教，给了我们另外一个视角和智慧。庄子曾经提出一个"无所待"的思想。有人问庄子：大鹏鸟可以飞到九万里的高空，两翼展开遮天蔽日，可谓逍遥，庄子却说非也，因为大鹏鸟是"有所待"，就是说大鹏鸟要依赖翅膀才能飞翔。有人说列子可以御风而行，飞行六天六夜才回到住处，真是逍遥极了，庄子说非也，因为庄子"有所待"，离不开"风"。那么，真正的逍遥是什么呢？庄子认为是"无所待"。所谓"无所待"，就是无所期待和依赖的意思，此之谓"神人无功""圣人无名""至人无己"。放在现实生活中，很多人为什么时时感到痛苦？就是因为"有所待"，天天生活在名缰利锁里，生活在纸醉金迷里，期待更多的财富，更高的地位，更大的名声，结果自己身心疲惫，心力交瘁，到头来，"因嫌乌纱小，却把枷锁扛"，大梦方醒的时候，才知道所有的追求无非是庸人自扰，不过是春秋大梦。那么，这样看，道家的思想是否有点消极呢？实则完全不是。道家不主张人们追求这种虚妄的名利，而是追求生命的真意义，是擦亮内在的智慧。老子曾经说："为学日益，为道日损，损之又损，以至于无为"。老子的意思是说，求学的过程是一个加法的过程，每学习一点都是在增加；而求道的过程则是减法，只有不断地减去心中的污染和贪欲，才能不断地擦亮内在的智慧。当一个人心中的污染完全去掉的时候，就是内在的智慧呈现的时候，这个状态就是道家所赞许的"真心"。到了这个境界，"上德不德，是以有德；下德不失德，是以无德"；老子的这句话是说一个真正有道德的人，在为众生服务的时候，一点也不是为了虚名，不是为了得到回报，而是真心的自然显现。而那些道德还不够的人，一旦做点好事，念念不忘，唯恐别人忘记，希望得到别人的肯定和表扬。当然，能够做好事的人，都值得我们尊敬，但就其道德的境界而言，那些做了好事但无所求的人，显然更值得我们肃然起敬。

大家都知道电视剧《三国演义》的主题曲《临江仙·滚滚长江东逝水》，其作者杨慎，号升庵，其创作的这首词，某种程度上体现了道家的风骨。杨升庵少年时就很聪颖，据记载，他11岁能诗，明朝正德六年（1511年），获殿试第一。后来为官的时候，杨升庵因为得罪了世宗朱厚熜，被披枷带锁发配到云南充军。当被军士押解到湖北江陵时，一个渔夫和一个柴夫在江边煮鱼喝酒，谈笑风生，他突然很感慨，于是请军士找来纸笔，写下了千古绝唱《临江仙·滚滚长江东逝水》：

滚滚长江东逝水，浪花淘尽英雄。
是非成败转头空，青山依旧在，几度夕阳红。
白发渔樵江渚上，惯看秋月春风。
一壶浊酒喜相逢，古今多少事，都付笑谈中。

此词，字数简洁，却意味深远。大家如果阅读历史，就会发现很多人为了追名逐利，升官发财，绞尽脑汁，投机钻营，权钱交易，结果呢？往往是到头来不过如梦幻泡影，甚至身首异处，历史上这样的事情比比皆是。林彪，是中国近现代历史上功绩卓著的军事家，完全可以以自己的军事才能留名青史。可是，林彪还有更大的政治野心，他为此用尽了各种办法，甚至颠倒黑白，最终走上自我毁灭的道路。1971年9月13日，外蒙古折戟沉沙的结局，大概是林彪开始未曾想到的。林彪是否曾经想过：他此生的追求应该是什么？当林彪被所谓的"国家主席"迷住心智的时候，进

退之间，已经方寸大乱。❶

因此，道家并不是让人消极地面对人生，而是告诉人们什么是应该追求的，什么是不应该追求的。而在现实中，我们太多的人，只是知道追求外在的光环，而不是追求内在生命的圆满和觉悟，结果当一个人为了追求外在光环的时候，不仅容易迷失自己，而且所有外在的光环终有一天会随风散去，这个时候，一个人的生命还有什么价值？可以这样说，和儒家的浩然正气相比，道家思想给我们很多沉思，它让我们思考生命的真意义，让我们看淡生命的浮华和虚荣，让我们知道追求生命的圆满和真实，这是道家给予我们的价值和意义。

而佛家对于我们生命的意义，我想选取两个例子加以说明。一个是选自《普贤菩萨行愿品》："一切众生而为树根，诸佛菩萨而为华果，以大悲水饶益众生，则能成就诸佛菩萨智慧华果。何以故？若诸菩萨以大悲水饶益众生，则能成就阿耨多罗三藐三菩提故"。这句话的意思是说，诸佛、菩萨等大觉者，都是用慈悲和智慧给众生服务的过程中成就了自己。众生好比是大树的根叶，而佛菩萨则如同大树的华果，正是在利益众生、服务众生的过程中，才能成就佛菩萨的大觉者。由此可以看出，佛教绝对不是什么消极避世，更不是逃避责任，恰恰相反，佛家认为只有给众生服务、给社会服务的过程中，才能去掉心灵上的自私、狭隘等弱点，才能实现生命的圆满和觉悟。因此，一个真正受到佛学影响的人，一定积极地融入到为社会服务、利益众生的过程中去，在这个过程中不断地发现自己的弱点，克服自己的弱点，从而不断地完善人生。另外一个例子，则是唐代禅宗大师药山的一句话：高高山顶立，深深海底行。有一次，唐代的刺史李翱拜见药山大师，问他如何理解佛教的精神，药山以"高高山顶立，深深海底行"对答。所谓"高高山顶立"，意味着把生命的终极意义都看清楚了，浮华洗尽，知道了自己应该追求什么，应该超越什么，都已经"不畏浮云遮

---

❶ 参阅邓榕：《我的父亲邓小平》部分章节，中央文献出版社，1997年版。

望眼"。可正因为真正觉悟了生命的意义和使命，才能体悟"无缘大慈，同体大悲"的道理，才能真正放下"小我"的算计和得失，真正将自己的生命融入为众生服务的大海中去。假如一个人做不到"高高山顶立"，没有领悟到生命的本质和意义，没有明白个体生命与宇宙、众生的关系，是不可能无怨无悔地服务众生的，也就做不到"深深海底行"了。

近代的佛学大德太虚大师，曾经对中国文化的内在结构有一个概括：儒家主要讲述如何做一个堂堂正正大写的人；而道家则主张人们要看穿世事浮云，超越名缰利锁，追求生命的真实，可谓引导人们如何做"超人"；而佛教则是追求生命的终极觉悟和意义，实现人生真正的大觉和圆满，可谓引导人们做"超超人"。而且，中国文化在人生的命运和超越问题上，不认为有一个什么造物主决定人们的生死与福祸吉凶，而是"命自我立，福自己求"，人的生命都是自己把握，种什么"因"，受什么"果"报，因此儒家认为"积善之家，必有余庆；积不善之家，必有余殃"；佛家认为种瓜得瓜，种豆得豆，人人只有把自己做好，多反思自己的问题，不断改正自己，才能应对命运的转折。

因此，中国文化中的圣者，不是人们盲目崇拜的对象，而是学习的对象，我们要学习圣贤的智慧和道德人格。从内在精神上看，中国文化强调的觉悟，都是自己的内在觉悟，认为盲目的崇拜只会让人更加愚昧。从这个意义上，中国文化最反对迷信，反对盲目的崇拜，反对迷失自我，强调理性的学习和反思，强调自我的觉悟，尊重人类的主体性，维护人类的尊严。可惜的是，历史上的一些人，要么没有明白中国文化的真意，要么为了维护自己的私利，故意把中国文化扭曲成了一个有利于封建专制独裁、缺少尊重主体性的迂腐的文化，这是值得我们反思的现象。鉴于中国近代遭遇的苦难，一些知识分子在新文化运动期间，提出了"打倒孔家店"的口号。需要注意，"孔家店"与孔子的思想不是一回事。孔子作为一代圣人，其深刻的智慧永远值得我们尊重和学习。但一些人为了维护自己的利益，把孔子的思想加以扭曲和改造，使之成为有利于维护封建专制的思想枷锁——"孔家店",当然应该引起我们的反思和批判。但是,如果在反思和批判"孔家店"的时候,不懂得把"孔家店"与真实的孔子思想区别开来,这就是近代中国历史的悲哀。

通过以上一些简单的分析,我们可以发现中国文化的信仰结构,几乎把人的生命中遇到的所有问题,都作了回答和指导。如前所述,所谓信仰并不神秘,正是信仰的存在,让人们知道该怎么样生活,该如何做一个大写的人,该如何面对生命中遇到的各种考验和纠结,一句话,信仰是一个人的心灵依靠和精神家园。中国文化的这种信仰结构,成为无数中国人安身立命的精神家园。王安石是北宋时期的大政治家、大文豪、大思想家,他所主持的变法,最后虽然因为各种原因没有成功,但作为一个大政治家和文学家,无疑在历史上树立了他的地位。晚年隐退之后,王安石留居南京江宁,根据历史记载,他在临终的时候,曾经告诫他的女婿:人生应该多从读书中吸取智慧,读书的时候,一定选择真正包含大智慧的书,尤其是佛经,值得好好阅读。我们抛开对他一生是是非非的讨论,在心灵家园安顿的问题上,我们发现这样一个现象:王安石,早年胸怀大志,带着匡扶社稷、济世安民的志向,不畏艰难困苦,勇于推进革新。但世事难料,很多事情绝不因为自己的善良愿望就一帆风顺,事情往往以善良的愿望出发,却得到事与愿违的结果,这个时候,一个人如何安抚自己的心灵呢?恐怕这是王安石向他的家人推荐阅读佛经的重要原因。我们姑且不评价王安石的人生选择,但是面对人生遇到的各种可能,我们如何安抚自己的心灵?如何在面对各种挑战和境况时都能从容淡定?这是我们每一个人都应该思考的大问题。

王安石在这个问题上,显然采取了入世和出世有机融为一体的心灵安顿方式。如果说,大丈夫应该带着拓疆万里的雄心,去建功立业,这个时候,积极进取的理想就是他的人生支点,每每遇到困难,胸中的理想就是鼓舞他不断进取的精神力量。可是,当所有入世的理想幻灭,所谓雄心壮志也已经随风飘远的时候,一个人如何安抚自己的心灵世界?于是,入世之外，还有出世；放下执着，却有着别样的风景。所以，王安石退隐之后并不会丧失生命的意义，出世间的那种放下和觉悟，一样为王安石的生命提供了一个别样美丽的世界。不独是王安石，苏轼、陶渊明、龚自珍，等等，都有着同样的信仰结构。这其实也是中华民族独特的信仰世界，那就是出世入世的圆融，进退自如的洒脱，就是无论生命遭遇何种境遇，总可以安顿自己心灵的从容。

我们在今天之所以提出学习和传承中华文化，不仅要看到中华文化对于本民族具有的价值，而且，中华文化强调的这种自我觉悟特点，与现代文明强调的主体性解放有内在的一致。所谓现代文明，最本质的特征就是反对愚昧，主张自由，反对束缚，主张解放。文艺复兴提出的"人性解放"，实际上就是力图摆脱愚昧和束缚，从而实现人的自由和解放。在这样的大背景下，人类的信仰世界也必然发生根本变化。经历了文艺复兴之后的人文启蒙，人们不可能再回到丧失人类主体精神的蒙昧时代里去，那么，在主体性觉醒的时代里，人们的精神家园如何安顿？对此，中华文化所包含的内在觉悟精神，提供了一个值得当代人们重视和思考的路径。从这个意义上说，传承和弘扬优秀中华文化，不仅对于中华民族的发展，而且对于人类如何矫正现代文明的内在困境，都有重要的启迪和意义。在弘扬中华优秀文化的实践中，我们一方面要恢复中国文化的本来面貌，真正明白中华文化讲了什么；另一方面，要结合时代的新挑战，进行创新，在学习其他民族优秀文化的基础上，自觉地加以海纳百川。只有这样，我们才能清醒地看待文化问题，正确地处理不同文化之间的关系，促进中华文化的发展。而且，我们重视中国固有文化的价值，绝不是什么文化保守主义。相反，面向未来，我们一定要海纳百川，善于反省自我，勇于学习其他民族创造的文化财富，也只有这样，中华文化才会永葆生机。一句话，一个不善于自我反思和批判、不善于学习的民族，一定不会拥有未来。

历史到了今天，经历改革开放以来几十年的发展壮大，中华民族固然取得了丰硕的建设成就，但如何重建中华民族的信仰世界，仍然是一个悬而未决的时代课题。任何一个民族，都有自己精神世界与心灵的安顿方式。可以这样说，一个国家一个民族的信仰世界是维系该民族向心力和凝聚力的精神支柱，是保持民族团结和社会稳定的重要支撑，是一个民族区别于其他民族的"标示"，也是一个民族不断迎接挑战、走向未来的力量之源。当一个民族的信仰世界和心灵家园被摧毁的时候，这个民族也不免分崩离析的命运。此话并非危言耸听，历史上早有先例，不得不察。因此，我们有必要大力传承和弘扬中华优秀传统文化，使其成为我们重建中华民族共有精神家园的重要营养，从而培养中华民族的文化认同和国家认同，这是国家繁荣强大的根本。

现代社会的困境
与中国文化的世界意义

　　人类社会的进步史，就是一个不断发现问题、回应各种问题的历史。现代文明已经发展了几百年，时至今日，无论是制度还是理念层面，都暴露了我们必须反省和正视的若干问题。早在卢梭、马克思的时代，都已经对现代文明的弊端进行了尖锐的批评。后来，无论是海德格尔，还是汤因比等，都对现代文明的内在矛盾和冲突进行了深刻的剖析。在全球治理面临各种挑战的今天，人类社会究竟面临哪些挑战和内在的冲突？我们如何分析人类现代文明困境的原因？如何进一步提出救治的疗方？对这些问题的分析和回应，不仅关系中国社会的发展方向，也关系到人类社会的未来，这些问题也是我们探讨中国文化意义和价值的大背景。

　　当我们讨论中国文化究竟对于中国乃至世界有何意义和价值时，绝不是狭隘的自以为是，更不是闭门造车式的自我欣赏，而是应该在慎重分析人类现代文明所存在的现实问题的基础上，追问中华文化能够为当今人类社会回应这些问题、解决这些问题提供什么样的智慧。一句话，中华文化也只有对人类现代文明的困境和挑战提出中国式的回答和应对方式，并以这种中国式的回答而对整个人类的文明进步都有重大的意义时，我们才有资格说：弘扬中国文化不仅仅是关系本民族向心力和凝聚力的维系，也是人类现代文明回应其内在矛盾和积弊的必然要求。也只有在这个角度，传承和弘扬中国文化的价值才超出了国界而具有了世界意义。

首先，我们要看现代文明发展到今天，到底暴露出什么样的问题。这就需要我们对现代人类文明的历史过程作出分析，并在这种历史梳理的过程中，总结究竟人类社会面临哪些根本的问题，并深入剖析这些问题之所以出现的根源。

所谓现代文明，起始于发生在15、16世纪左右的文艺复兴。文艺复兴被学界公认为是现代文明的起点，那么，我们就从这个现代文明的逻辑起点出发，来探究现代文明所存在的内在矛盾和困境。西方社会的历史，在经历了古希腊、罗马时期之后，进入了被西方称为"黑暗的中世纪"。在这一千余年中，整个欧洲社会都匍匐在神权和王权的脚下，尤其是宗教"神权"更成了西方社会无处不在的力量。人类一切行为和思考的合法性，都在于他是否吻合神权的要求。我们会发现，那些很多对基督教予以怀疑的思想者，都被扣上了异教徒的帽子而受到迫害。有的异见者甚至被施以极刑，非常残忍。西方社会的整个文化，包括哲学，在马克思、恩格斯看来都作了神学的婢女，只不过是在为神学的合法性做论证。客观地说，这种对人类主体性的压抑，在文化上造成了西方中世纪几乎只有神学的状态，人们没有任何自由思考的权利。正是经历了一千多年的"神权"和"王权"压抑之后，西方文化在文艺复兴的时候才开始觉醒。所谓的文艺复兴，表面上是复兴古罗马和希腊的文化，实际上并不是这样，而是披着复兴传统的外衣而为人类自我的觉醒和自由呐喊鼓呼，目的在于借用复兴古希腊和罗马的文化，为人性解放张目。为什么当时的人们要借用古希腊和罗马的文化呢？就是因为古希腊有崇尚理性和思辨的传统，这其中就包含了尊重人们独立思考的因子。而古罗马文化，则是非常尊重人们自然性的力量，尊重人类自然本性的那种美感，这一点可以通过绘画和雕塑得以体现。如果我们对文艺复兴做一个概括和总结，一言而蔽之，就是诉求人类的主体性，就是主张人性的解放，就是以人类的权利反对神权的压抑，追求人类的自由和平等。正是在文艺复兴的旗帜之下，人们压抑一千多年的创造性开始喷发出来，于是以文艺复兴为界，人类就揭开了现代文明的序幕。

那么，文艺复兴所开启的人性解放，到底解放了什么？被宗教压抑了一千多年的西方社会，一旦人们从神权的盲目崇拜中解放出来之后，人类社会要面临什么问题呢？

其一，文艺复兴之后，人类要打破神权和王权的控制，要争得人类的自由和独立思考，那么，我们要问：力图从神权和王权中挣得解放的人们，是否做好了迎接新挑战的准备？对于这一点，西方的一些思想家一直在试图证明人类有能力管理自己，有能力掌握自己的命运。最典型的就是启蒙运动的一些思想家，非常自信地告诉世界：我们人人都有上天赋予的理性，都有天赋的自我管理能力。后来，启蒙运动提出的人民主权、三权分立、任期制、新闻自由等一系列的制度建构，都是人们为了证明自己的理性能力而做出的制度设计。但是，通过考察人类近代以来的历史会发现：人类的自由被释放之后，如何实现自由和秩序的统一，民主和效率的统一，如何既能够保证个体自由，又能够有效地维护社会的公共利益和社会稳定，等等，还有很多问题需要思考。事实上，近代以来，当人们在热切地追求自由时，对自由之后怎么办的问题，缺少足够的清醒和思考。我们固然要追求自由、公正、民主和平等，但同时也要重视追求自由平等过程中带来的新问题。否则，当很多人没有公共利益的格局和胸怀，只是顾及自己的得失，片面追求自己的利益，政治生活被不同的利益集团绑架时，国家的稳定、社会的正常秩序都会遭到严重破坏。这种例子比比皆是，须引起我们的警惕。

其二，文艺复兴以来，"人性解放"成为那个时代的呼声，但"人性解放"到底解放了人性之中的什么东西？当然，关于什么是人性的话题，古往今来，各种争论，并没有达成共识的结论，我们也不在这个问题上纠缠下去。可一旦打倒笼罩在人们头上的神权之后，人性的盒子被打开，这其中释放的不仅是理性，而且也有被压抑的欲望。我们不能简单地拒斥欲望，不能偏激地说人类的欲望就是罪恶；但是，我们要懂得这样的道理：人类的欲望一旦没有节制，不仅对于社会个体，对人类社会同样也是灾难。

如果我们对现代文明的发展过程做一个总结，会发现：人性解放打开了人性这个潘多拉的盒子,给人类社会带来了内外两个层面的困境和冲突。

从外在的困境和冲突看,"人性解放"唤醒人们心中的"小我",每一个人都在为实现"小我"的利益努力,都在表达着"小我"的看法主张,这必然导致人与人、民族与民族、国家与国家、人类与自然等各种外在的冲突。因为,一个人的欲望膨胀,必然带来不同个体之间的人际紧张和冲突;推而广之,由众多个体组成的一个民族的欲望膨胀,在处理民族与民族、国家与国家的关系时,只看到自身的利益,很难真正顾及和尊重其他民族的利益和感受,最终必然引发不同种族、国家之间的战争和冲突;一个由贪欲膨胀的人组成的社会,在对待人与自然关系的时候,不可避免会走上盲目开采自然、掠夺自然而满足自身欲望的道路。文艺复兴以来,自然环境的严重破坏,两次世界大战的爆发,生灵涂炭,究其原因,无不是与文艺复兴以后鼓吹欲望的合法性和利益的争夺相关。从内在的冲突看,现代社会面临两大困境:一个是终极关怀层面的困境;一个是现实心灵的挣扎和纠结。从终极关怀的角度看,人类作为一种特殊的生命,吃喝玩乐不是人类生命的全部。人类有一种形而上追问的倾向,有一种追求心灵如何安顿的内在需求。西方社会的那种神权垄断真理的信仰框架,与人性解放的时代潮流存在不得不正视的冲突。那就是:一方面,人类主体性在觉醒,人类要自己掌握自己的命运;另一方面,西方的信仰模式告诉你,你只可能跪倒在超越的上帝脚下求得救赎。在人性解放和人的觉醒成为不可逆的时代潮流里,人类的终极关怀和拯救问题如何解决?这是人类社会面临的大问题。另一方面,现代文明境遇下的人类内心也面临着挣扎和困顿。在人类主体性觉醒的时代,人类诉求自身的解放和自由,在这一过程中,一方面,人类一定程度上开始赋予追求欲望的合法性。但同时,无论是现实的环境,还是基于人类的理性,人类不可能真正完全实现自己的欲望。从现实条件上看,无论是由于人类伦理和法制的制约,还是基于自然环境、资源的有限性,都告诉我们:小至一个人,大至一个国家,都不可能完全满足自己的欲望。人类要面对伦理、法制、他者利益的种种限制。此外，人心之中都有一个良知和是非，一方面是欲望牵引带来的各种冲动和焦虑，一方面是良知呼唤引发的反省和自责，这必然带来人心和道心、良知和欲望的挣扎和冲突。这些精神和心灵层面的问题，都需要我们思考和回应。

如果我们追问现代文明何以出现这种困境，会发现：这些现代文明的困境，表面上看是人类社会面临的普遍问题，但实质上是西方文化的内在冲突在现代文明境遇下的一种折射。对于这个问题的解决，中华文化的智慧对于我们应对这些困境和挑战有着重要的价值和意义。

针对"自由之后怎么办"的历史课题，中国的《易经》和《道德经》给我们一些启发。《易经》的六十四卦，在六十三卦"水火既济"之后，第六十四卦就是"火水未济"，中国文化告诉我们没有什么所谓的"终结"，人类文明永远在不断变化，永远有新的问题。美国学者福山曾经提出"历史的终结"，认为以美国为代表的所谓民主制度就是人类的终极模式，现在看来，这种提法不仅过于自信，更是对人类文明发展路向的无知。人类社会永远不会终结，永远有各种各样的新问题。正如《道德经》所言"有无相生"，我们生活的世界本就是对待的世界，永远存在各种矛盾和冲突。现在，美国的一些政治人物也看到在自由的旗帜下，政治被某些利益集团绑架，每一个政党都在追求自身利益的最大化，都在关注自己能否成为执政党，这种情况下有益于社会的公共政策很难得到顺利通过，议会等公议机构，成为政党利益博弈的平台。这种现象引起了很多思想家的反思和关注。因此，人类社会永远存在各种问题，永远是一个不断直面问题和回应问题的过程，用中国的文化表述就是"易"。面对人性解放以后的时代，我们需要的不是盲目乐观，而是要冷静思考"自由之后"会面临什么问题，从而未雨绸缪，引导人类社会更好地前行。

针对现代社会各种外部冲突加剧的状况，中国文化提供了与西方不一样的认知理论。西方文化奉行"零和游戏""弱肉强食"，习惯于"对抗思维"。而且"文艺复兴运动"以后，人类中心主义更是成为很多问题的根源。美国所奉行的"顺我者昌，逆我者亡"，对于伊拉克、利比亚的肢解和打压，对于中国的遏制等行为，无一不是"对抗思维"的具体表现。中国文化奉行"民，吾同胞；物，吾与也"（张载），"亲亲而仁民，仁民而爱物"（孟子），"道并行不相悖，万物并育而不相害"（《中庸》），等等，这些思想告诉我们世间万物，包括人与自然、人与人、人与社会、国家与国家等不同主体之间的关系，不是你死我活的关系，不是零和游戏，更不应该弱肉强食，而是一损俱损、一荣俱荣，休戚与共，是大家好才是真的好。中国的外交理念就很好地体现了中华文化的思想，无论是"一带一路"、亚投行等具体举措，还是习近平主席提出的"人类命运共同体"思想，都是中国文化"万物并育而不相害"的具体体现。事实上，对抗没有出路，战争更不会有未来，人类社会应该包容、互鉴、尊重、理解、共赢，而绝不可唯我独尊，以强凌弱，以大压小。因此，一个人领会了大家好才是真的好，就会与人为善、广结善缘；一个国家领会了"道并行不悖，万物并育而不相害"，应该减少对抗、发展合作和实现共赢；人类社会如果领会了中国文化天人一体的观念，一定要爱护自然，决不可为了人类的私利而肆意地掠夺自然，否则最终会咎由自取。

针对人类的终极关怀和拯救问题，中国文化认为人类终极的拯救不是靠什么外在的偶像或者超越性的力量，而是依靠自我的觉悟，是人类的自我拯救，是"命自我立，福自己求"，是"君子自强不息"。中国文化既看到了人性的局限，但也赋予了人类自我超越的希望和可能性，这就在人的终极关怀问题上能够解决人类主体性诉求与外在崇拜之间的张力。儒家说"人人皆可以为尧舜"，佛教说"人人皆可以成佛"，中国文化认为人人心中有一个内在的觉悟能力，圣贤和觉者是那些已经开启了这种内在觉性并让其作主的人，我们每一个人只要认识内在的觉悟能力，都可以逐渐地走向觉悟。虽然就当前的状态而言，"我"虽然有很多局限性，有很多必须正视的弱点，但是面向未来，"我"有不断走向自我超越的能力，而不是说"我"一定要跪在某种超越性力量的脚下，完全走向对偶像的崇拜。简单地说，中国文化认为人类救赎的希望，就在人类自身，就在于人类如何发扬自身的觉性和良知，而不是走偶像崇拜的道路。中国文化主张尊重和学习圣贤，但这种尊重和学习，绝不是盲目的崇拜，而是通过学习圣贤开启自身内在的智慧和觉悟能力，从而成为和圣贤一样的人。中国文化的这个思路，在根本上与人类主体性解放和觉醒的潮流相一致，对于人类社会解决现代性境遇中的精神家园危机，有重要的启发。

针对人类心灵深处欲望和良知的冲突、挣扎，中国文化坦诚面对人性的现实欲求，认为人性包含了各种可能，并不是简单地将人性之中的欲望视为罪恶。但是，中国文化并不主张人类走上贪欲膨胀的道路，而是主张在清醒认知人性局限的基础上，走向人性自我超越的道路。其实，人类的很多痛苦，并不是客观的痛苦，而是因为人类的智慧和觉悟不够而引发的痛苦，不过是自寻烦恼。人一生，基本的需要并不高。从身体健康的角度看，中医告诉我们粗茶淡饭好，如果吸入过多的营养，必然引发高血脂、脂肪肝甚至心脏病等风险；至于衣着打扮，得体就好，穿着名牌不代表美丽，穿金戴银与人的修为也没关系；手机等通讯工具够用就好。住房够住就好，心里满足了，房子小点也幸福，心里不满足，再大的房子也痛苦，而且比房子大小更重要的是家庭和谐。钱多少是多呢？能养老养小，够生活就好。做物欲的奴隶，是一件很可悲的事。一个人如果不量力而行，超出自己的实际来装点自己，很多是为了掩饰内在的浅薄和空虚。但既然如此，我们为什么还要奋斗和努力呢？孔子告诉我们"士志于道，而恶衣恶食者，未足以议也"；一个人的追求应该有比金钱和权力更重要的东西，"朝闻道，夕死可矣"；这个"道"就是中国文化所强调的"圣人无常心，以百姓之心为心"，一个真正的觉悟者，都会放下对"小我"的执着，有"大我"的情怀，能够将自己这一滴水，融入为社会服务的大海中去，从而实现自己的价值。这就是中国文化所倡导的莲花精神，这也是孔子周游列国"知其不可而为之"的原因，这也是无数志士仁人抛头颅洒热血为国家打拼的原因。有了这样的智慧，心灵就会净化，该做什么、不该做什么，心中自然有分寸，欲望和良知的挣扎、纠结也会淡化。

  简而言之，面对文艺复兴以来人类社会面临的各种困境、挑战和冲突，我们要看到中国文化的智慧给了我们不一样的认知和应对思路。无论是面对人类社会"自由之后怎么办"的态度，还是如何回应人类社会外部的各种冲突和心灵层面的困境，中国文化都有非常智慧的回答，对于我们如何认识现代社会的问题，如何回应现代社会的种种挑战提供了重要的智慧资源。我们今天在讨论中国文化的意义和价值时，不仅要看到传承和弘扬中华文化对于本民族发展所具有的意义，而且要站在人类文化发展的大背景下予以思考和回应。也就是说，中华文化的传承和弘扬，不仅是中国走向未来的文化之源，也应该为人类社会应对现代文明困境提供智慧启迪。现在我们正在为实现中华民族的伟大复兴而努力，中华民族的真正复兴，绝不仅仅是经济的富裕、军事的强大，更在于文化的力量，能够以中华文化的智慧给人类的进步提供发展的理念和价值观，只有这样，中华民族才称得上真正意义的大国和强国。因此，文化研究者应该有这样的自觉：既要注重从中国固有文化的智慧中吸收营养，同时又要直面人类社会的现实困境和挑战，以我为主的同时又要海纳百川，从而给人类社会的发展和进步提出中国式的回答和应对思路。正是在这个意义上，传承和弘扬中华文化不仅对于中国的发展具有重要意义，而且能够超越国界而具有世界的意义，这需要我们不断地努力。

后　记

智慧是照亮人生前程的一盏灯

　　前几天，我收到一个学生的邮件，他告诉我假期回家后所看到的家乡现状：很多人喜欢攀比，沉溺于虚荣，膜拜权力和金钱，缺少是非的标准，只看对自己是否有益，对那些贫穷的家庭不仅不抱以同情和帮助，还会冷嘲热讽、冷眼旁观，甚至落井下石。他觉得这种畸形的价值观、判断标准和思维方式，扭曲人性，尤其对孩子的成长极其不利，他希望我能到基层中学做一些讲座，多给孩子们一些好的启发。其实这个同学反映的问题，具有一定的普遍性。一个人有什么样的觉悟和认识高度，才能拥有多大的成就！社会上之所以存在畸形扭曲的价值观，原因多多，某种程度上是因为一个缺少智慧和觉悟的人，根本不知道如何看待使命和责任、如何看待"小我"和"大我"的关系，更不会深入思考"人应该怎么样活着"这样的问题。荀子曾经有一个说法："化性起伪"，意思是面对人性的一些弱点，只有通过教育和启蒙，才能把人心中的良知给启发出来，才能知道判断是非，才能知道如何做一个对自己、对家庭、对社会都有益的人！这恰恰是我写这本书的初衷。当前，社会上有一种危险且值得我们警醒的现象：那就是"金钱"与"权力"成了很多人唯一的追求，甚至成为一些人评价人生价值的唯一标准，为了得到"权力"和"金钱"，无所不用其极。无论是一个人，还是一个民族，如果没有超越物质利益之上的高远追求，永远不会有希望。

中国文化讲一个"缘"字。大家能够阅读这本书，应该是我们有缘。我珍惜这样的缘分，给大家汇报一下我的成长和思考经历，并希望我的成长经历能够给诸位读者朋友一点启发。

我老家在山东西部的一个县——莘县。相比较而言，这是一个贫困县，这些年发展有些起色，但在我读书的时候，经济还是处在农耕文明的状态。而我的家庭，又是我们村相对贫穷的一家，在读研究生之前，我都明显地感觉到生活压力。现在的很多学生不太能理解那样的生活状态，很多时候，连饭都不能吃饱，为的就是给自己的家庭省一点钱。可是就是这苦难的求学经历，给了我很多精神的营养与对生命的感悟：

越是苦难的家庭，父母越是为了我们的成长，奉献了常人无法理解的艰辛和节省。有的时候，家里仅有的几个水果都是留给老人和孩子，父母都不舍得吃，我始终记得父母的艰辛。每每回望自己的成长经历，觉得对于父母的恩，一个人无论是怎么样回报，都无法偿还。那其中包含的无私和爱，我们应该永远铭记，并以此作为自己不断进取的精神力量。一个人应该有雄心壮志，应该为国为民，但对于生养自己的父母，更应永志不忘！从这个意义上说，孟子所言的"老吾老以及人之老"，非常符合中国人文常理。但现实中确有一些人，对朋友、合作伙伴都能客客气气，唯独对自己最应该尊重的人，却缺少敬重和温和，这是万万不应该的事。一个人如果连最应该尽的责任都未曾担负，又如何得到别人的信任？

正是在成长的艰辛中，我懂得什么是感同身受，懂得真正用心去同情和体谅别人的苦衷。有的时候，经历了困难，才更容易理解困难。在历史上，有一个皇帝叫晋惠帝，有一年国家闹灾荒，老百姓没饭吃，到处都有饿死的人。有人把情况报告给晋惠帝，但惠帝却对报告人说："没有饭吃，为什么不吃肉粥呢？"报告的人听了，哭笑不得，灾民们连饭都吃不上，哪里有肉粥呢？当前有一些学生，家庭生活优越，根本不知道社会上的艰辛，从学校考入机关上班，四体不勤，五谷不分，遇到老百姓反映问题的时候，门难进，事难办，脸难看，官僚气十足，根本做不到对人民的苦难感同身受。一个没有经历过苦难的人,很难真正理解苦难的人怎么生活,以及世态炎凉背后的人情冷暖。所以,希望每一个人都能带着理解看世界,带着同情看人生。

  由于小时候困难生活的经历,使得我对同样困难的人,有一种特殊的感情。在走向工作岗位之后,在条件允许的情况下,我希望给那些生活艰难的同学一点帮助。也许,这种帮助仅仅是提供一个勤工助学的机会,也许就是一个关于人生的分析和指点,这都可以让生活真正困难的人,得到些许切实的帮助。我也总是告诫那些遭遇不公平待遇的同学,千万不要把自己遭遇的不公平再加之于其他人。这就是孔子所教导的道理:己所不欲,勿施于人。因为,这个苦自己尝过了,就不要再让别人感受这个苦。可惜的是很多人在经历了不公平之后,也知道发奋努力,结果是自己有了大的发展之后,却要加倍地捞取自己的利益,让更多的人感到了痛苦和不公。正如同有一些报考公务员的同学,当自己没有任何权力的时候,也知道公平正义的重要性,也对腐败义愤填膺,可当自己真正有了权力之后,却肆无忌惮地以权谋私,权钱交易,结果锒铛入狱。有一个在纪委工作的朋友告诉我,他在查办案件的时候,很多当事人东窗事发之后都痛哭流涕,说自己曾经是一个苦孩子,多么不容易等。可是,我们不禁要问:既然自己知道底层挣扎的人多么不容易,为什么掌握权力之后还要堕落和腐化?孟子曾说:大人者,不失赤子之心。这句话的意思是,一个人说几句有理想的话并不困难,困难在于一辈子能够保持自己的良知和纯真,一辈子都能够诚恳地待人,勤勉地做事,永远不会丢掉人生最初的那份承诺和担当。赤子情怀,是我们永远应该保留的人生底色。如果我们的胸怀足够宽阔,就会发现这个世界上任何一件事情都有它的正面意义,关键是我们能否有心来发现。我感恩生命中的一些不公平的经历,正是这些经历,让我反思应该怎么样做一个人,应该如何通过努力改变自己的命运。世界上没有任何绝对的公正,从某种意义上,世界上任何人都曾经历过各自的不公正。面对人生经历,一个人记住的不应该是仇恨,而应该是宽容,是"见贤思齐,见不贤而内省"的那种自警和反思。

在求学的经历中，我懂得了立志的重要性。一个人，不怕家庭贫穷，不怕环境恶劣，甚至不怕愚笨，最怕的就是没有志气，没有改变自己命运的那份勇气和魄力！环境给你提供什么是一回事，你如何努力改变环境又是一回事。《诗经》上说：永言配命，自求多福。你的未来是什么，更多地取决于自己的努力。社会上不乏有些人，在面对困厄的时候，要么抱怨自己的命运不好，要么抱怨自己的父母没有给自己提供好的条件等，这是万万不该的事。当人们抱怨环境和条件不好的时候，是否想过为什么同样的环境，有的人发展得很好？有的人却很失败？孔子曾经说：君子求诸己，小人求诸人。意思是一个真正的君子在遇到问题的时候，首先会反思自己的过失，反省自己哪里做得不好，还需要如何改进；而小人则是恰恰相反，小人一旦遇到问题，则是怨天尤人，推诿责任，不懂得从自身上找原因。孟子也说：事有不成，反求诸己。一个人做任何事情的时候，需要明白客观环境和外在条件非我们所能决定，只能是多找自身的原因。更何况外在环境的变化，并非朝夕之力，需要相当的奋斗和时间。因此，一个人切莫有过多的抱怨，怨天尤人解决不了任何问题，却只会让自己更加被动，自哀自怜；命运不是固定的，而是随时都在发生变化。一个人的命运如何，就在于我们如何把握当下，如何好好努力，一步步通过努力改变自己的命运。因此，一个有智慧的人应该将抱怨的时间放在自我努力上，只有这样做，恶缘才有可能成善缘，逆境才有可能成为顺境，苦难才有可能变成吉祥。

在成长和奋斗的过程中，我懂得了求人不如求己的道理，知道了任何外在的压力，只有真正转化为自己的努力之后才能有更持久的奋斗，才能取得更大的成就。如果一味地抱怨困难，困难就成为阻碍你的大山；如果敢于跨过障碍，苦难就成了人生的历练。当前社会上有一些人看中关系、人脉的重要性，很多大学生甚至认为"拼爹"可以决定一个人的未来。其实这种看法根本没有理清个人努力和外部条件之间的关系。我们不否认外部条件对于个人成长的重要性，但是大家看历史：孔子在三岁的时候父亲去世，刘邦、毛泽东的父母就是普通的农民，彭德怀则是出身穷苦人家，可这些人都取得了各自的丰功伟绩。究其原因，并不是他们的外在条件多么优越，而是他们有使命感，秉持心忧天下的胸怀而逐渐创造了自己的命运。因此，我们在帮人的时候，要懂得最重要的帮助是启发他应该如何自强不息，而不是简单地提供一个机会，这就是授之以鱼，不若授之以渔。我们在面对自己的人生时，一定要知道命运在自己手里，因为我们能否把握机会，有了机会能否做出成就，归根结底还是看我们的能力与勤奋程度。

在分析和观察问题的时候，我发现了正确思维方式的重要性。很多人在不了解情况的时候，往往大发议论，事后才发现自己的评价缺少根据。这就告诉我们，对于任何事情的评价，如果不是建立在客观了解的基础上，就不要轻易地发表见解。一句话，事实认定应该先于价值判断，就是说在我们对基本事实还未曾搞清楚的前提下，就不要在价值上作出好与坏的评判。比如转基因问题，当前社会上出现了很多观点，不过是各执一词。在对转基因食品作出评价之前，我们务必对转基因产品有一个全方位的了解。如究竟什么是转基因？转基因和普通的产品相比，究竟发生了哪些变化？这些变化对人的健康到底有无伤害？转基因生物对于自然界的生态会产生什么影响？转基因产品与国家安全的关系是什么？我们是否做了足够细致和全面的研究？在诸如此类的问题都还未曾清楚的前提下，就需要我们采取非常严谨细致的态度。一句话，在缺少足够了解的时候，态度一定谨慎。还有很多人在看问题的时候，不能全面了解因果关系的复杂，但是往往只是强调导致问题产生的其中某些原因，结果就会有失偏颇。简而言之，一个人只有培养正确看待问题的方式，才能变得稳重成熟，才能尽可能减少由于主观失误而带来的损害。

在研究生毕业之后，我选择到大学工作，工作的内容是年级辅导员和团委的一些事宜。在工作中，我发现这样的问题：就我工作的性质而言，行政和管理工作不仅需要一个人的工作能力，还需要一个人圆融处理人际关系的能力，我逐渐发现自己的性格、爱好等，并不是十分契合行政工作的需要。而且，当我埋头于处理具体事务的过程中，经常反省：这是我想要的生活吗？我生命的意义和价值到底在哪里？我究竟该选择什么样的职业作为我终生为之努力的方向？这些困惑使我重新考虑我的职业选择问题。于是在慎重思考之后，我觉得自己应该考取博士，争取做一位高校教师，从事思想的启蒙和文化的传承工作。在考取什么专业的问题上，我面临着不同的选择：从我所处的环境看，由于我的工作单位是一个法学学科占主导的学校，因此，我报考法学不仅容易和导师建立联系，而且对我的发展也有好处。但我的心灵深处，已经对哲学产生浓厚兴趣。在考博士的问题上，是基于现实的角度考虑？还是听从心灵的召唤？经过一番思考之后，我毅然报考了北师大的哲学专业作为我的研究方向，最终被北师大哲学与社会学学院录取。后来，我在读书的过程中，发现在哲学的百花园，真正让我的心灵感到震撼、真正让我身心受益的方向是中国哲学。于是在博士毕业之后，我又申请到西北大学中国思想文化研究所博士后流动站从事中国哲学的研究。今天，我能够在一些问题上有自己浅薄的思考，能够以自己的思考给学生朋友们一点启发和教益，我非常感恩自己当初的选择，感谢哲学学科给我的营养和教育。通过这些年学术的探索和思考，我深知专业并没有什么冷门、热门之分，但却有适合不适合之分。任何一个有利于国计民生的专业都可以成就人才，关键是一个人能否通过努力成为这个行业的佼佼者。一个人在面临不同选择的时候，应该尊重别人的建议；但真正需要做出决定了，一定是自己为自己负责，自己勇敢地做出选择并承担责任。一个适合自己的选择，就比较容易做得好，就会有更多成功的机会。反之，在普通人看起来很好的专业，由于自己不适合，很难沉下心来，也没有办法学得很好，最终很难有好的发展。

现在很多年轻人在面临选择的时候，要么是患得患失，在不同的选择中间比来比去，最终青春时光"一江春水向东流"。有的人，要么是带着求全责备的奢望，希望一个选择可以满足所有的愿望，不懂得感恩；要么是得陇望蜀，沉陷于虚荣和攀比之中，做人做事都不够认真踏实，不懂得珍惜机会。人活一世，真正能够在自己专长的领域为社会做点事，为人民做一点有益的事，就很不容易。所谓人生的辉煌、成就，并不是空想出来的，而是通过辛勤的付出得到的回报，只有水到才有渠成。这个简单的道理告诉我们，一个人切不要浮华，而要好好珍惜机会，一定要诚恳待人，勤勉做事，正是在这个过程中，服务了社会，成全了自己。这些道理，看起来很简单，但做起来并不易，如果真正领悟并身体力行，人人皆可以成为社会有用的人。

需要强调的一点，就是我与中国文化的结缘。在没有仔细阅读中国经典的时候，我对中国文化只是心存好感，并没有真正感受到中国文化的智慧。2007年春天，一个朋友热情邀请我去柏林禅寺看一看。盛情难却，我决定与之同行。在这一次的拜访之旅中，有一件事情引起了我的注意：在柏林禅寺的墙壁上，写着"平常心是道"的禅语，心中大为惊奇。因为，像我这样毫无佛学的基础，而且心中深受家国天下之浩然正气熏陶的普通人看来，禅宗为何倡导"平常心"是道呢？平常心和没有抱负的平庸是什么关系？现在看来，这是很幼稚的问题，但在当时，正是由于这个疑惑，促使我认真读读禅宗和佛教的书，揭开心中的这个谜团。著名史学家范文澜也曾经说：一个不懂佛学的人，无法真正理解中国文化的要义。无论是出于解惑的需要，还是从学术研究的角度出发，我都应该好好地读读佛教的书。正是有了这个机缘，我开始认真地阅读佛教的书籍。

第一个让我在佛学上感到震撼的是南怀瑾先生，他的一本书《楞严大义今释》，让我如沐春风。《楞严经》是释迦牟尼说法的重要文本，可以说是整个佛学智慧的集大成者。对于这本书的具体内容，我不在这里作解释，请感兴趣的朋友自己阅读。但是我想告诉读者朋友：作为一个学习哲学的人，我非常注重思辨和理性，反对那种盲目的崇拜和狂热的迷信，可是在南怀瑾先生的这本书里，我读到的恰恰是铁一样的逻辑和震撼心灵的那种理性、智慧。由此，明白了佛学不是我们通常意义上的宗教，更不是人们误解的迷信，而是蕴含了关于人生和世界究竟的大智慧。有了这样的感悟，我逐渐对曾经的疑惑有了更多的理解。比如，老子曾言：无为之处，无所不为。初看起来，似乎矛盾：已经"无为"，为何"无所不为"？当我对佛学有了一点理解之后，知道了一个人只有把心中那些为了自私、欲望而努力的"有为"去掉之后，才真正达到"无为"的境界。当一个人不为了自己的一点私欲打拼的时候，才能真正心怀天下，才能够做到家国天下一肩担起！这种心中没有"小我"的人，自然没有了算计和私欲，恰恰是这种人，才能够将天下的责任视为自己的责任，将天下的苦难视为自己的苦难，才能真正做到置生死于不顾。这也是为什么"精忠报国"的岳飞能够临危不惧；为什么文天祥能够大呼"人生自古谁无死，留取丹心照汗青"！为什么谭嗣同明明可以出走日本，却自愿留在家里从容就义，"我自横刀向天笑，去留肝胆两昆仑"！

由此，我们就能更好地理解老子为什么说"无为之处，无所不为"；一个满脑子里都是自私和狭隘的人，怎可能做到"无所不为"呢？一个心中只有"大我"的人，在面临考验的时候，自然会"大义凛然"；而一个自私和狭隘的人，面临考验的时候，只要能够自保，什么都可以出卖！哪里有什么气节和尊严？由此，我们对儒家提出的"修身齐家平天下"，也有了更深入的了解。因为，一个没有修身为基础的人，一个满肚子欲望和自私的人，怎么可能承担"平天下"的使命呢？这也是《大学》的精神：自天子以至于庶人，壹是皆以修身为本。

可以说，正是读了佛学的书，才让我恍然有悟，隐隐约约领略一些圣贤书中的智慧；有了这样的觉悟，当我再去阅读中国文化的儒家道家典籍时，似乎也有了豁然贯通的感受。对于"平常心是道"的智慧，也有了进一步的理解：所谓的"平常心"，实际上是指一个人去掉浮华、虚荣、攀比、欲望等之后的那种"真心"。换一句话说，"平常心"也是一个人去掉各种虚妄之后的那个本真状态。而那个状态，才能与大"道"相应，才能心怀天下，仁爱众生。否则，当一个人心中布满了各种私欲，如同镜子上布满了各种灰尘，如何映照朗朗乾坤呢？所谓的"平常心"，就是擦掉镜子灰尘之后的那种明净状态，正是在那个状态上，人的心才能与大道融为一体。由此可见，"平常心"的"平常"，与我们平日里说的"平常"，根本不是同一个意义。禅宗的"平常"，绝非"平庸"，相反，是一个去掉了所有人生浮华之后而能够真正追求生命真意义的"勇者和智者"。在这个"平常"的境界里，已经不会为任何的虚荣所动，制心一处，看似最平常，实则真不平常。因此，在"平常心是道"的禅意中，别有一番的景致和智慧；只不过不懂禅宗的人，无从理解罢了。

孔子总结自己的一生时，曾经说十五有志于学，这是指他在十多岁就立下了刻苦学习的志向，方向已经明确。三十而立，是说明他在三十岁的时候，就可以融会贯通，对自己的人生使命有了清醒的认识。四十而不惑，是指他在四十岁的时候能够对人生和宇宙的各种问题，有了通达的认知，在心中没有什么迷惑。五十知天命，是说已经透彻领悟生命的意义和使命；六十而耳顺，是指六十岁的时候，心中没有了对小我的执着，真正能够海纳百川，能够和而不同；七十岁从心所欲不逾矩，是一个人内心完全净化的状态，呈现的都是良知和道义。孔子对自己一生的总结，实际上给我们提供了一个反思自己的标尺。

从自然的年龄看，我已届不惑之年，可惭愧的是自己无论是学养，还是修为，都有愧于圣贤书的教诲。但在岁月流逝中，我懂得了智慧对于人生的重要性。一个有智慧的人，知道人应该怎么样生活，知道如何做人，知道应该如何处理人生面临的各种关系，知道如何调整自己的心态，在遇到各种问题时知道如何处理。而我们看到的现实中诸多的问题，其实质多少都与缺少人生的智慧有关。有智慧的人，知道如何确立人生的使命与担当，知道士不可以不弘毅，任重而道远；有智慧的人，知道成全别人，就是成全自己，待人诚恳，广结善缘，与人和善；有智慧的人，知道做任何事，都要把自己的本分做好，力所能及，水到才能渠成，但行好事，莫问前程；有智慧的人，知道人生是一场修行，风生水起的时候，戒骄戒躁，山穷水尽的时候，绝不自暴自弃；有智慧的人，遇到任何事情，都懂得反求诸己，绝不怨天尤人；有智慧的人，懂得该进则进，该退则退，潇潇洒洒，不辜负一生；有智慧的人，知道自己是谁，知道自己的使命所在，举世誉之不加劝，举世非之不加沮，淡定从容，气定神闲；有智慧的人，知道人生没有免费的午餐，一分耕耘，一分收获，给社会创造多少价值，自己才有多大价值……总之，人生的智慧影响我们如何做人，决定了我们看世界的态度和我们的心态。

　　人不要贪天之功。我今天如果能够对人生有一点感悟，并非我多么聪明，都是因为读圣贤书的过程给予了我启迪。当然，中国文化强调知行合一，我不过是在理论上有了一点小感悟，在"行"的问题上，可以说相差很远。因此，我时常提醒自己：作为一个普通人，我们都有太多的缺点和不足，需要时时自我反省和警惕。孔子说：三人行，必有我师焉；择其善者而从之，其不善者而改之。一个千古的圣人尚且如此谦卑和自省，更不要说我这样的芸芸众生了。任何一个普通人，不可能一辈子不犯错，但至少，有一个时时反省的心、忏悔的心、接受批评的心，会少犯一些错。即便是犯了错，也不会执迷不悟，而应该力所能及地向更完善的方向走。

　　至于中国文化给予我的启迪，在我写的书中都有所体现，希望读者朋友自己品味。读书如同吃饭，别人吃饭后的温饱，并不能解决自己的饥饿，因此请大家多阅读中国文化的经典，并希望在这一过程中，让中国文化所包含的智慧启迪更多的人，让每一个人都能够清楚自己的使命和责任，过一个真正有意义的人生。如果把智慧比喻成一盏灯，希望这盏灯能够照亮每一个人的前程。我想这也是知识分子应该承担的责任和使命，此之谓：士不可以不弘毅，任重而道远。

　　最后，这部书的出版得到了学院重点学科的资助，在此表示诚挚的谢意，同时感谢读者朋友能够阅读这本书，祝福大家福慧双增，活出精彩人生！

郭继承
2018 年 8 月 16 日